U0009258

翻轉學

翻轉學

2025
元宇宙趨勢

迎接虛實即時互通的時代，如何站在浪頭，搶攻未來商機？

METAVERSE

메타버스 트렌드 2025

沈載宇심재우——著　林侑毅、郭宸瑋、楊琬茹、楊筑鈞——譯

第1章 解開元宇宙之謎

第**2**章　元宇宙技術的現在與未來

第**3**章　搶先布局元宇宙的黑馬企業

第4章　創造獲利的虛擬經濟生態系

第 5 章　為迎接元宇宙做好準備

第 6 章　活用元宇宙生態系統

目 錄

第 7 章 把職場搬進虛擬辦公室

好評推薦

「元宇宙並非由單一技術所促成，而是各界詮釋的新生活願景。你將透過本書，詳盡了解人們對未來的想像。」

——Wade Kuan，鏈新聞主編

「這本書有助於讀者看到元宇宙未來的多面向。我認為，加密貨幣及 NFT 將是未來元宇宙裡的基礎，元宇宙的貨幣會是比特幣及其他加密貨幣，元宇宙中的資產，將以 NFT 的形式被創造及持有，期待這個未來。」

——林紘宇（果殼），知名加密貨幣律師

「人類的生活早就是元宇宙了！這本書幫助你回顧過去技術發展，洞察此刻局勢變化、掌握未來趨勢與機會。」

——劉呈顥（Ethan），KOL Branding 品牌事務所創辦人

推薦序
科技不斷進化，元宇宙近在眼前

—— 陳詩慧，《我用波段投資法，4年賺4千萬》作者

2001年，我跨足網通產業，經歷了3G到5G的轉變過程，無線網路也從802.11b傳輸速度11Mbps到802.11n傳輸速度300Mbps，開啟了物聯網時代。2022年，5G開始廣泛應用，無線網路Wi-Fi 6技術普及，最高傳輸速度可達9.6Gbps。我們也進入了元宇宙時代。

二十年來，經歷不同階段的技術轉變，總讓我對科技發展的快速感到驚訝。由於Wi-Fi 6技術的發展，讓需要高速連網的VR、物聯網、汽車和4K高畫質影片等應用，得到了滿足。

回想起二十年前，剛推出802.11b無線網卡與路由器時，還要價數百美元。如今，隨著科技的進步，無線網卡已可內建在產品中，路由器也降價到只要十幾塊美元。

元宇宙的各項應用正逐漸誕生，二十年前電影《不可能的任務》（*Mission: Impossible*）中的情節也一一實現。

還記得2010年，我在美國向客戶展示智慧家庭的應

用，當時用手機控制家中各項電器，如冷氣、電鍋、窗簾、安控和門鈴，操作時還有許多程式錯誤，覺得不是那麼方便，沒想到十年的時間，用手機應用程式 Homekit 掃描 QR code 就可以輕易控制不同的電器產品，只要下達指令：「Hi, Siri 幫我開電視」、「Hi, Siri 幫我開燈」。

現在每天的日常就是戴上 Airpods 說：「Hi, Siri 90 年代日劇歌曲」、「Hi, Sir 大聲一點、小聲一點、換下一首」……一切都太神奇了。

工作夥伴用小米手錶 Redmit 設定 NFC 門禁卡，上班用手錶感應一下就好。現實世界裡，萬物聯網讓我們的生活更便利。那在虛擬世界呢？

我朋友的女兒是位藝術家，上週在台北 W 飯店展覽她的畫作，並運用 NFT 的技術，讓她的畫作數位資產化，以加密貨幣交易。沒想到展覽非常成功，比我想像的還要盛大，應證了本書提到的「隨著虛擬和現實世界相互連動，將在社會、經濟、文化活動等領域創造出新的價值。結合區塊鏈或 NFT 技術，便可以在虛擬世界中進行真正的經濟活動」。

2021 年，我從電子業踏入餐飲界，受疫情影響，經營模式改以智慧雲端和 LINE 點餐外帶的方式，結果業績逆勢成長，共夥開了 3 家店。由於科技的進步，讓餐飲業即使遭受疫情衝擊，仍能與科技結合加速轉型。

　　未來，我預計再合夥開一間創意料理餐廳。朋友的女兒參加 NFT 畫展的例子啟發了我，也許我可以開一家元宇宙餐廳，創造出的新價值。

　　透過下載 NFT 交易平台「OurSong」，上傳資料後即可交易，我可以自拍影片介紹餐廳、製作餐廳優惠券 NFT 發給親朋好友；開始加密貨幣錢包 Trust Wallet，這樣一來，朋友可以轉加密貨幣給我，我也可以轉帳給別人；開啟加密貨幣交易平台 MainCoin，可以買賣加密貨幣，也可以把兒子挖的礦，存到我的虛擬帳戶。

　　原來元宇宙已逐步成形，交易竟然變得如此快速簡單。

　　未來元宇宙餐廳可以透過 AR，讓客人有更好的消費體驗。比如創造出餐廳虛擬吉祥物，如 Siri 般溫馨關懷客人們的健康、介紹新推出的餐點；與消費者的生活緊密結合，讓消費者能用手機聲控點餐；還能讓在元宇宙的虛擬分身們，都能吃到美食，增加業績，進行虛實融合的行銷手法。

　　台灣在元宇宙占有重要的地位，我們是科技島，擁有很多優勢，可以透過上、下游產業供應鏈，打造元宇宙世界：

- VR、伺服器、筆電終端產品大廠：宏碁、華碩、技嘉、微星、廣達、宏達電
- 半導體與封測產業：台積電、聯電、世界先進、力積

　　電、日月光

- IC 設計：聯發科、瑞昱、茂達、聯詠
- 面板：友達、群創、彩晶
- 記憶體：群聯、南亞科、華邦、旺宏
- 主機板：華碩、技嘉、微星
- 電源供應器：台達電
- 散熱模組：曜越、雙鴻、奇鋐
- 電池：順達、AES-KY
- MCU：新唐、盛群
- 顯示卡：華擎、微星、技嘉
- 光學鏡片：大立光、玉晶光
- 製造代工廠：鴻海、和碩、仁寶、廣達

　　相信接下來的十年，台灣將經歷快速發展的科技進化旅程。現階段，我們的日常生活可以加入 NFT，把我們創作的音樂、畫作、照片和歌曲，以 NFT 的方式，到 OurSong 平台交易，為我們的生活「加值」。元宇宙就在我們身邊！

前言
新冠疫情，催生元宇宙大爆炸

　　持續兩年的新冠肺炎疫情，讓小說或科幻電影中才看得見的虛擬世界和線上生活成為現實。雖然是迫於疫情的影響，不過人們面對這種生活，逐漸習以為常，透過線上虛擬空間辦公的方式，現階段也成為必須而非選擇。

　　過去雖然也有線上的交流與合作，卻都只是扮演輔助的角色，所以不熟悉線上操作的人，盡可能選擇逃避或被動參與，導致未能培養線上操作的能力，普及速度也相當緩慢。然而隨著新冠肺炎的擴散，確診人數大增，政府嚴格落實社交距離與禁止群聚，民眾也必須遵守相關政策。組織或企業不得不推動居家辦公，因此藉由線上處理業務與合作，短時間內成為主要的工作模式。全人類彷彿同時搭上時光機，瞬間移動到未來世界。

　　大約十年前，韓國開始推動智慧辦公（Smart Work），用來提高工作效率與產能，從數年前開始，智慧辦公發展為遠距工作（Remote Work）模式。相較於在地企業，跨國企業更積極引進與運用遠距工作模式，希望提高業務效率並降低經營成本。韓國大企業也目睹了這樣的變化，為了能在各

國順利經營分公司爭相模仿跨國企業的做法。

　　結合虛擬與現實世界，提供新視角與新體驗的元宇宙（Metaverse）時代，正快速來臨。其實，元宇宙一詞對我們來說並不陌生，是虛擬實境（Virtual Reality, VR）與擴增實境（Augmented Reality, AR）的延伸概念，並融合了全像投影（Hologram）技術，**透過虛擬與現實世界的互動與連通，為社會、經濟、文化活動創造新的價值。**結合區塊鏈（Blockchain）或非同質化代幣（Non-Fungible Token, NFT）等技術，便可以在虛擬世界中進行真正的經濟活動。

　　元宇宙指的是 3D 虛擬世界，與 VR 看似相同，但兩者最大的差異，在於能否即時互通。VR 雖然是高度模擬現實世界的 3D 環境，卻與現實世界完全分開；元宇宙則能與現實世界即時互通，人們在虛擬世界中的活動會與現實世界同步。在虛擬世界中，透過代表使用者的虛擬替身（Avatar），就能在虛擬空間中與朋友見面、購物、旅行，也可以與其他人開會或共同合作，如同在現實世界。

　　到目前為止，VR 主要運用於遊戲與娛樂產業，使用者的選擇有限，自由度相當低；反之，元宇宙將現實世界擴張為 VR 與 AR，再將虛擬世界中的產物重新帶回到現實世界運用，等於涵蓋了虛擬與現實的生態，具有相當高的自由度，現實世界中的使用者與 3D 空間的虛擬替身連通，可以

主導虛擬空間的一切活動。

　　過去 VR 是以供給者為中心，使用者只能選擇供給者提供的物件或選項；而元宇宙則改以使用者為中心，使用者可以自行開發或製作內容與物件，並且進行販售，獲得收益。

　　以下比較幾種與 VR 相關的數位技術：

AR

連通真實世界與虛擬世界兩種空間，使現實環境與虛擬空間看起來重疊的技術。使用者不在 AR 之中，也沒有介入 AR，只是站在第三方觀察者的角度，運用 AR 提供的資訊或數據。

- 使用者角色：第三方觀察者
- 使用者的自由度：低
- 智慧型設備：谷歌智慧眼鏡（Google Glass）

VR

像遊戲或娛樂中建構一個虛擬的世界，以使用者（玩家）為主體。使用者只能選擇開發者製作的選項或場景，因此自由度有限。多應用於針對個別使用者的遊戲或娛樂。

- 使用者角色：為 VR 遊戲世界的主角，站在第三方觀察者的角度。
- 使用者的自由度：中等
- 智慧型設備：臉書 Oculus Quest 2

數位分身

將現實世界中個體的形象與動作，轉移至虛擬世界的數位分身
（Digital Twin, DT）。這項技術先在虛擬世界中設定各種狀況與
情境，進行模擬與預演，再運用於現實世界，進行最佳管理、經
營、改良與完善等。好比實際個體與鏡像的互動，使用者在過程
中可以影響或介入，不過基本上分身的動作模式才是根本與核心。

- 使用者角色：第三方觀察者角度
- 使用者的自由度：低

XR

延展實境（Extended Reality, XR）：是綜合 VR、AR、全像投影等
概念的總稱，也就是元宇宙的相關技術。

- 使用者角色：透過虛擬替身進行主動、自主的行動。
- 使用者的自由度：高
- 智慧型設備：頭戴式顯示器（HMD）、Microsoft HoloLens
  （微軟混合實境智慧眼鏡）

元宇宙並不是沒有明確的定義，只是每個人的想法或觀點不
同，對元宇宙的解釋也不盡相同。不過，以下有幾點是元宇宙必
須滿足的條件：

1. 即時連線：需要能隨時隨地連上網路。雲端與無線通訊系
   統至為重要。
2. 互動與社交：眾多使用者同時參與，彼此互動與溝通。
3. 現實與虛擬的融合：現實世界與虛擬世界即時互通，使用

者隨時都能感受到現實世界與虛擬世界的同步性。

4. 虛擬替身：在虛擬世界中，必須有能代替或代表使用者的虛擬替身。

5. 3D 網路：必須在 3D 立體空間中實現 AR，而非 2D 平面。

6. 設備依賴性：需要有協助使用者連上虛擬世界的 HMD 或智慧型眼鏡。最重要的是結合半導體、顯示器與光學技術，達到輕便迷你且適合配戴，同時能快速處理資料不斷線，又兼具高解析度的 3D 畫面。此外，微型電子設備與作業系統（OS）也不可或缺，能實現不以電線連接穿戴式裝置與外部電腦，達到獨立組網（Standalone）*的效果。

7. 經濟系統：元宇宙內部有可實現經濟活動的系統。如虛擬平台「Decentraland」上的虛擬房地產正是典型的案例。

8. 生產系統：元宇宙使用者不只停留在消費者的階段，甚至能在其中製作並運用個人專屬的內容，創造經濟收益。

---

* 指建立新的獨立網路基地，傳輸速度較快。

元宇宙的七大用處 × 四大應用條件

元宇宙再怎麼好，如果不能提供使用者幫助或好處，也只是無用之物。所以，元宇宙必須能提供以下幾點用處：

1. **趣味性**：能像遊戲或娛樂產業一樣帶給使用者樂趣。
2. **聯繫感**：必須能與其他使用者互動，進行交流。
3. **歸屬感**：要讓使用者感受到自己與他人真實互動，且互動能增進彼此的感情。
4. **便利性**：在元宇宙中參與的活動，必須具備便利性。
5. **經濟性**：必須能創造收益或提供創業機會，降低企業或組織的成本。
6. **生產性**：使用者能在元宇宙中與他人開會、合作，以及共同執行業務或企劃，此時必須有較高的效率與生產力。
7. **新體驗**：必須讓使用者有全新、多元的體驗。由於真實度高，能讓使用者自然沉浸其中，不會感到違和。

過去在《關鍵報告》（*Minority Report*）、《鋼鐵人》（*Iron Man*）、《駭客任務》（*The Matrix*）等科幻電影或小說、動作片中所描繪的未來世界，都是憑空捏造的假想世

界。這些媒體所呈現的世界，是早期元宇宙的世界。如今我們在現實生活中所談論的元宇宙，不再是假想的世界，而是實際運作中的世界。拜軟體與硬體技術發展之賜，電影中的假想世界成為現實中的虛擬世界。在第 3 章介紹的元宇宙應用案例中，將會討論社群網路 ZEPETO、虛擬辦公室 Gather Town、數位分身方案 ALIKE、元宇宙平台 ifland、虛擬協作平台 Spatial，這些都是應用於現實生活中的元宇宙。

　　元宇宙應用的必要條件有四項：內容（Contents）、平台（Platform）、網路（Network）、裝置（Device），簡稱CPND，這些條件必須均衡發展，達到一定水準以上，元宇宙才能順利運作。

　　內容是指，遊戲、娛樂、商務或合作；平台是指，執行元宇宙的電腦與作業系統；網路，則是 5G 或 6G 等無線通訊；裝置，是連接並進入 3D AR 的 HMD 或智慧型眼鏡（包含 HoloLens）。這四項條件缺一不可，不過元宇宙中最重要且占據主導地位的條件，當屬包含電腦與作業系統的平台，誰（企業）能掌握平台，誰就能支配元宇宙世界。

　　手機平台的霸主是蘋果 iOS 與谷歌 Android 系統；電腦平台的霸主是 Windows 與 Mac 作業系統；搜尋平台的霸主是谷歌；社群網路平台的霸主是臉書與 Instagram；線上影片平台的霸主是谷歌的 YouTube……。儘管支配元宇宙的平

台至今尚未明朗，不過跨國企業已經暗潮洶湧地競爭元宇宙平台主導權。

元宇宙是由現實世界的社會、經濟、文化、教育活動所建構的 3D 虛擬世界。在虛擬世界中，使用者創造虛擬替身代替自己完成各項活動。

元宇宙市場將成長超過 800 倍

跨國企業是開發元宇宙技術與商業模式，並且引領元宇宙的主體。元宇宙的概念與相關技術，都由美國等先進國家主導。只是原本在檯面下的元宇宙，竟在極短的時間內一躍成為第四次工業革命的技術先驅。

美國高德納集團（The Gartner Group）每年發表《新興技術發展週期報告》（*Hype Cycle for Emerging Technologies*），當中介紹了第四次工業革命技術的誕生、發展及演變的過程。仔細分析每年發表的技術成熟度曲線，便能了解哪些技術正在開發與高度化發展，哪些技術已達到巔峰。由 2020 年技術成熟度曲線來看，目前達到顛峰的技術，正是因應新冠肺炎而發展的「社交距離技術」。根據報告結果，與人工智慧（AI）有關的技術，在 2022 年可望成為頂尖技術。

與元宇宙相關的職缺也出現極大變化。不僅是元宇宙所需的軟體，在硬體方面對人才的需求與開發也將大幅增加，谷歌（Google）、蘋果（Apple）、臉書（Facebook）、三星電子等企業正投入大量心血，積極開發與元宇宙連接的 AR 眼鏡或 HMD。未來可突破電腦、手機、遊戲機的限制，利用各種數位裝置進入元宇宙的世界。

在未來也會出現新型職業，最具代表性的，就是創造高度模仿現實世界的數位分身開發者，以及為現實世界的使用者打造虛擬世界替身的虛擬替身開發者、設計者。

當元宇宙成為日常後，**人們可以不必親自到達現實空間或特定地點，只要透過元宇宙就能彼此連結**。房地產交易是最明顯的案例，現階段我們必須親自到訪心儀的物件，檢查內部空間，但在元宇宙時代，只要進入虛擬空間，就能參觀和檢查心儀的物件。這種將現實打造、設計成元宇宙空間的開發者，以及數位分身技術人員或虛擬替身開發者，在市場上的需求正逐漸增加。關於在元宇宙創造收益的方法，將於第 4 章說明。

全球四大專業諮詢機構之一資誠聯合會計師事務所（PricewaterhouseCoopers, PwC）預測，元宇宙市場規模將會從 2019 年的 455 億美元，成長至 2030 年的 1 兆 5,429 億美元。可望成為目前商業發展中，成長最快、最強的績優

股。以目前為基準來看，元宇宙可成長 800 倍以上，未來仍有大幅成長的可能，並且創造無限商機，許多企業看準這點，紛紛投入元宇宙產業中。

與元宇宙商機相關的產業或領域，正進行元宇宙平台的開發與經營、內容的開發與提供、軟體與數據資料倉儲的開發與提供等。

自從元宇宙首度在電影中出現後，在現實生活中最早被應用於遊戲產業，《機器磚塊》（Roblox）正是代表之一。根據《機器磚塊》的營收和使用者趨勢圖，2018 年只有 1,200 萬使用者和 3,638 億韓元（約新台幣 91 億元）營收，短短三年內已經增加超過 3 倍。

《機器磚塊》受歡迎的祕密，在於使用者可以在網路上見到其他人而不受任何限制，尤其使用者在遊戲中並不只有消費，還能創造收益。由於成長快速，近年來投資美國股市的韓國散戶，最大買超的標的之一正是開發《機器磚塊》的 Roblox 公司。

現實生活中，多人遊戲與娛樂幾乎不可能實現，但在元宇宙的世界中，一切都有可能。結合遊戲與娛樂的案例相當多，像是使用者達到 3 億 5,000 萬人的《要塞英雄》（Fortnite），防彈少年團（BTS）便是利用當中的「皇家派隊演唱會」（Party Royale）功能發表 MV，全球眾多粉絲在

元宇宙中一起觀賞演出。

此外，娛樂產業也有現實世界中的人與虛擬人物（Virtual Humans）組成人氣女子團體。深受年輕世代歡迎的 4 人女子團體 aespa，就在元宇宙中打造 4 人的虛擬角色，組成 8 人女子團體，由現實世界中的 4 位團員及虛擬世界中的 4 位團員組成。

成年人或許不會對實際不存在、如漫畫人物般的虛擬藝人感興趣，但許多年輕人深深著迷於這樣的概念。比起這個人是否真實存在，能否與自己在情感上達到交流和溝通，才是更重要的價值。或許是因為這樣的變化，在針對女團品牌評比的問卷調查（2021 年 7 月為基準）中，aespa 打敗其他團體，站穩第一名的寶座。

虛擬藝人的概念，最早源於韓國虛擬網路歌手 Adam，他在 1998 年以《世上不存在的人》出道，唱片銷售量突破 20 萬張。

當時由於技術上的限制，維護與管理 Adam 的費用超出收益，人們對於虛擬人物的態度也與今日截然不同，最後 Adam 黯然離場。近來由於技術的發展，加上新冠肺炎加速了線上的交流，高度仿真的虛擬世界成為可能，將真實人物打造成虛擬人物的時代正揭開序幕。

在 Instagram 上擁有超過 300 萬粉絲的 Lil Miquela，與

香奈兒（CHANEL）、普拉達（PRADA）等品牌合作，在《時尚》（*VOGUE*）雜誌上擔當封面模特兒，她也跨界音樂活動，在全球各地深受歡迎。然而她並不是真實的人類，而是結合 3D 電腦繪圖與 AI 技術所打造的虛擬網紅。這類虛擬網紅的背後，都有一個製作樣貌、形象、影片的團隊。

韓國電子公司 LG 於 2021 年推出的虛擬人物金來兒（Reah Keem），是透過 7 萬筆的動作捕捉（Motion Capture）技術，自然地表現真實人類的表情與動作，接著再利用 AI 的深度學習技術開發聲音，使金來兒自然開口說話。

下一個世代的主人翁 Z 世代與阿法世代（Generation Alpha）*對虛擬巨星產生共鳴，並且深深著迷。他們正逐漸演化為與虛擬人物溝通、生活的新興人類。他們並不區分何為現實、何為虛擬，而是將虛擬世界看作是現實世界的一部分，積極使用虛擬世界並在其中互動。

技術皆已就緒，企業紛紛搶占商機

除了技術成熟度曲線，高德納集團也發表《策略技術趨

---

* 指 2010 年至 2025 年出生的人。

勢報告》（*Strategic Technology Trends*），2021 年的技術趨勢如下：

1. **以人為本**：至今為止，主要由交換與蒐集物品間資訊與數據，運用其分析結果的物聯網（Internet of Things, IoT）主導，未來能夠存活下來的企業或產品，必須要能觀測人類生活與活動的所有數據，加以分析後，提供差異化的體驗，因此行為網際網路（Internet of Behaviors, IoB）、全面體驗（Total Experience）及相關個人訊息保護技術備受矚目。

2. **位置獨立**：無所不在（Ubiquitous）與雲端、資安保護。

3. **企業韌性**：是以 AI 為基礎，結合商務智慧與機器人的超自動化技術。

　　我對第四次工業革命技術有濃厚的興趣，長期投入學習與研究開發新的技術，所以在運用大數據與 IoT、雲端等技術與服務上，也有許多開發與上市的經驗。圖表 0-1 是我研究與執行的汽車開發相關內容，在 40 年前就已經應用了數位分身的概念。順帶一提，「數位分身」一詞，在 2002 年就已經由美國奇異公司（General Electric, GE）首度提出。

　　然而，在高德納集團分析發表的資料中，怎麼也找不到

元宇宙一詞。是高德納集團不知道元宇宙，才將元宇宙排除在外嗎？

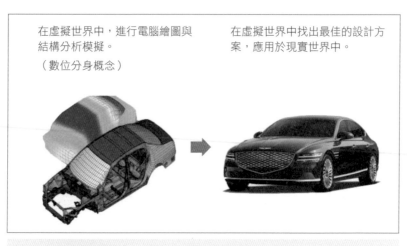

在虛擬世界中，進行電腦繪圖與結構分析模擬。
（數位分身概念）

在虛擬世界中找出最佳的設計方案，應用於現實世界中。

在新款汽車開發過程中，利用電腦繪圖與結構分析模擬，找出最佳的設計條件後，反映於實際的設計中，再進行量產與上市。

圖表 0-1　將數位分身應用於汽車開發

　　這是因為元宇宙不是只有單一技術，而是許多技術彼此串聯、整合而成，像是 AR、VR、全像投影、5G、AI、雲端、社群網路、區塊鏈、數位分身等，都包含在內。但技術成熟度曲線只有列出單一技術，因此我們不能因為元宇宙還處於初階技術，或是沒有被標示在技術成熟度曲線上，而忽

略它的發展，必須一併分析與元宇宙相關的技術現階段發展情形才行。從過去發表的技術成熟度曲線來看，元宇宙相關的技術早已超越了最高點，這代表技術已經高度發展。

　　既然技術成熟度曲線只以單一技術為調查對象，而非整合型技術，導致元宇宙技術遺漏，那麼同時發表的策略技術趨勢中，怎麼仍然不見元宇宙蹤影？這或許可以解釋為元宇宙未來將會大放異彩，只是當時還不是主要趨勢。

　　海外部分龍頭企業正進行元宇宙相關技術與服務的開發，只是依然處於初期階段。相較於此，在韓國，元宇宙可謂 2021 年最受矚目的技術與服務，韓國最大入口網站 NAVER 與 SK 電訊正投入大量人力與資金於開發元宇宙技術與服務。

　　由元宇宙相關技術市場規模統計資料來看，AR 比 VR 呈現更急遽的成長趨勢。

　　站在搶占新興市場的角度來看，韓國企業將籌碼全押在元宇宙上，可謂正確的決定。開發 ZEPETO 這類以虛擬替身為核心的社群網路，以及開發連接數位分身的技術與服務，是具有先見之明的卓越策略。雖然 Cyworld*最早開發出以虛

---

* 1999 年成立，曾是韓國最流行的線上虛擬社群、社群交友網站，使用者達到 3,000 萬人。

擬替身為核心的社群網站，不過仍被其他競爭者擠下而黯然離場，希望韓國元宇宙龍頭企業未來不會遭遇類似的失敗。

　　元宇宙並非嶄新的概念或技術，1992 年的小說中已首度出現此概念，至今已經過了 30 年，所使用的技術，是由現已經開發出的各種技術串聯、整合而成。但是為什麼轉眼之間，元宇宙忽然成了最火熱的話題，而且擴張得如此快速？在解釋這個問題前，得先了解周邊技術的類型與發展歷史。

　　元宇宙是連接現實世界與虛擬世界的概念，而要實現這個目標，以下技術缺一不可：監測附近情況，並進行數位化的小型精密感測器；繪製高畫質圖案的繪圖技術；即時渲染（Rendering）複雜 3D 模型的電腦性能與軟體；以低延遲、高速度傳送大量數據的通訊技術；將蒐集到的大量數據進行處理的大數據技術；儲存、處理大數據的伺服器與雲端，以及支援這一切的 AI 技術。這些都是建構元宇宙必要的技術。

　　不過一直以來，這些技術都沒有獲得均衡的發展，達到一定程度的引爆點（Tipping Point），直到最近，這些技術才一一超越引爆點，使元宇宙的實現成為可能。

　　有人認為，元宇宙將可實現 3D 網路或更多元的行動裝置。不知道大家是否還記得紅極一時的 3D 電視？在電影《阿凡達》（Avatar）上映後，市場上對 3D 的興趣爆炸性增加，3D 電視也隨之推出，最後卻因為缺乏可觀賞的 3D 內

容，以失敗收場；換言之，3D 內容未能達到引爆點。不過今日所有技術與要素都已經超越引爆點，元宇宙迎來「大爆炸」（Big Bang）。

　　本書旨在提供綜觀元宇宙大爆炸的機會，分析今日與未來的元宇宙發展，藉此展望 2025 年元宇宙的生態與平台、商業、技術的趨勢。我稱之為「2025 元宇宙趨勢」路線，將會依序帶領讀者走向各階段：

- 第 1 章說明元宇宙的概念、MZ 世代 *引頸期盼的原因與相關背景。
- 第 2 章闡述元宇宙技術的現在與未來。
- 第 3 章分析應用元宇宙的各種案例。
- 第 4 章敘述在元宇宙中創造獲利的方法。
- 第 5 章展望元宇宙的未來，主要根據我的經驗與分析，對元宇宙平台、硬體、軟體、企業與個人的未來如何改變，又該如何準備，提出一些建議。
- 第 6 章談如何建構元宇宙平台與虛擬辦公系統。
- 第 7 章介紹要將元宇宙應用與落實在商業中，必須先具備的能力與開發方法。

---

* 千禧世代與 1995 年後出生的 Z 世代統稱。

　　本書不只介紹元宇宙的概念、技術和案例，也將分析並提出各種企業培植人才所需的策略、方向與方法，以做出和其他書籍的區別。希望這本書能為即將進入元宇宙時代的所有讀者，提供認識與應對元宇宙時代的指引。

METAVERSE

第 1 章

解開元宇宙之謎

01 科幻小說的世界即將成真

　　元宇宙的概念，源自於 1992 年美國作家尼爾・史蒂芬森（Neal Stephenson）的科幻小說《潰雪》（*Snow Crash*）當中描述的情境。書中描述的元宇宙是透過雙眼看見稍微不同的景象，營造出 3D 圖像，再以每秒變換 72 次的圖像，形成連續性的影片。若以每個畫面 2K 解析度來呈現這支 3D影片，就能達到人類肉眼所能看見的最清晰的圖像。接著再利用小型耳機內建的數位環繞音響，即可讓 3D 影片擁有真實世界的聲音。使用者透過特殊眼鏡與耳機，就能進入電腦創造出的虛擬世界中，也就是所謂的「元宇宙」世界。

　　小說中詳細說明了元宇宙的技術基礎，元宇宙因此被定義為「可使用特殊眼鏡與耳機等視覺、聽覺設備進入的世界」。尼爾・史蒂芬森筆下的元宇宙，人們可以建造高樓或公園、掛上廣告招牌，以及完成現實生活中不可能實現的事，例如，散布在空中的燈光秀、無視時間空間規則的特殊地帶、互相殘殺的自由搏擊區。

　　書中提到，元宇宙[*]最大的不同，在於不是真實建構的世

---

* 書中稱為「魅他域」。

界，因為並非真實存在，所以書中的「大街」（The Street）不過是寫在某張紙上，透過電腦繪圖投射而出，再用光纖網路向全世界公開的軟體組件。在元宇宙中進行的經濟與社會活動，會以類似現實世界的模樣展開。

這些是元宇宙始祖尼爾‧史蒂芬森在小說中定義的內容，與 30 年後的我們所定義及理解的元宇宙，並沒有太大不同。

小說《潰雪》的主角 Hiro Protagonist，是日僑民母親與美國黑人父親生下的混血兒。在虛擬世界中，他是技術高超的駭客與劍客，然而在現實生活中，他卻是個微不足道的小人物，為了還債做起披薩外送員。某天，他發現元宇宙中擴散的新型毒品「潰雪」，會透過虛擬替身影響到現實使用者的大腦，造成致命的傷害。在深入追蹤潰雪真相的同時，他也發現了背後潛藏的勢力。

隨著網路的出現而形成的新世界，又在新的技術發展後更上層樓。過去網路多用於桌上型電腦或筆記型電腦，不過只能在固定的位置上使用，缺乏移動的自由，然而智慧型手機的出現，帶來了全新的世界。智慧型手機又被稱為掌上電腦，兼具攜帶與移動兩種特性，開啟了真正「無所不在」的世界，搭載了相機、GPS、無線通訊和感測器，有高度精密的功能，活動範圍與過去電腦相比大大地擴張。

AR 是將人工世界覆蓋在現實世界上，用另一種說法，就是「人造的現實」。想要實現 AR，必須在人類肉眼所能看見的現實世界上，加上一個虛擬世界。智慧型手機的相機與液晶螢幕提供了這樣的體驗。

如果是短暫使用的 AR，單憑智慧型手機已經足夠，不過如果需要長時間使用，拿在手上的手機就顯得累贅，這時就需要智慧型眼鏡的開發，不過由於需要許多技術支援，反而引發法律爭議，使得智慧型眼鏡一度從市場上消失。像是谷歌開發的智慧眼鏡，雖然是針對 AR 開發的硬體，不過由於搭載相機，捲入侵犯肖像權的法律問題，最終停止生產。

事實上，谷歌智慧眼鏡移除了在街道或戶外拍攝非特定群體的相機功能，轉向在室內或固定區域提供 AR 功能，例如，修理結構複雜的設備或機械時，技術人員必須拿著紙本的維修指引來參考，問題是缺乏經歷或技術不足的人，得花不少時間找出能派上用場的指引。不過要是使用智慧型眼鏡，就能以相機識別故障設備的位置，列出修理的順序與方法。即使是沒有經驗的人，也能按照指引輕鬆排除故障。未來智慧型眼鏡的用途，將會朝這個方向發展。

HMD 和智慧型眼鏡不同，沒有拍攝外界的相機，目前沒有法律上的問題，也可以體驗 AR 的效果。

關於 AR 的應用案例，可以用繪本來說明。孩子們閱讀

有關恐龍的繪本時，單憑印刷在書上的恐龍外型，難以了解恐龍的活動或聲音，不過要是在繪本上啟用智慧型手機的App，就能透過 AR 觀看恐龍的影片。孩子們就像用電視或電影來看恐龍一樣。

承租大樓辦公室時，通常會透過仲介業者獲取租賃資訊。若是使用 AR App，手機螢幕中的大樓上就會出現承租辦公室的位置、面積與價格資訊等，不必找上仲介業者，也能查詢與確認需要的資訊。

經常與 AR 相提並論的是 VR。VR 不干涉現實世界，而是透過想像建構出的世界，展現一個現實中不存在的世界，線上遊戲就是 VR 的最佳案例，遊戲中的世界就像漫畫或童話中世界，是開發者透過想像所建構的。

AR 或 VR 都是超越時間、空間的局限，以各種方式提供連接、溝通與合作的仿真體驗技術。

元宇宙則是結合 VR 與 AR 的虛擬擴增實境，也被稱為XR。

元宇宙一詞最早出現於小說《潰雪》，由來已久，直到2020 年，美國電腦繪圖晶片企業輝達（NVIDIA）執行長黃仁勳宣布：「未來 20 年會是科幻的世界，元宇宙的世界已經來臨。」元宇宙才瞬間紅遍全球。

元宇宙將開啟網路或遊戲的另一個世界，因此元宇宙

又稱為網路之後的世界，是融合 AI、AR、VR 等技術的世界。元宇宙與過去的遊戲截然不同，雖然也涵蓋了遊戲中的虛擬世界，卻提供了新型態的溝通與合作、經驗與生產性，大大豐富了遊戲的元素與方法。

元宇宙與 VR 遊戲的差別，在於「虛擬替身」的元素。在傳統的遊戲中，有個代替使用者的主角，與虛構的敵人展開對抗，不是主角被殺死，就是敵人被殺死。遊戲主角的自由度相當低，手中掌握的選項或可控制的情境相當少，無法脫離遊戲開發者設定的範圍。

元宇宙中，則有個代替使用者的虛擬替身，與 VR 遊戲中的主角不同，虛擬替身即時連通使用者，會根據使用者的選擇或動作移動，不僅自由度高，平台開發者也無法任意限制或操控使用者（虛擬替身）的選擇與行動。

以線上視訊會議軟體 Zoom 為例，使用者必須透過網路參與會議，而使用者的面貌也會即時公開，當然也可以選擇不公開，不過當公司透過 Zoom 進行視訊會議時，員工就需要公開自己的面貌。這時得先化妝，穿上正式的服裝，甚至將鏡頭會照到的地方整理乾淨。如果居家辦公時必須開啟線上視訊，像整天在辦公室工作一樣，對使用者而言，不免有過度洩漏隱私的疑慮，也有隨時被監視的感覺，將會造成極大的壓力，也可能造成工作效率與生產力的降低。

　　但如果使用元宇宙辦公室，就不必處在鏡頭下，連續好幾個小時公開自己的模樣，只要使用替代自己的虛擬替身，便可擺脫資訊洩漏與監視的壓力。

　　在元宇宙辦公室中，可以選定個人座位辦公，在中途離開到茶水間或休息室，畫面中的虛擬替身會實際移動，而在移動過程中，也可以與其他同事見面。若移動至其他同事附近時，對方的面貌會自動出現在畫面上，聲音即時接通，就能與對方溝通。聊天片刻後，可以移動到要去的場所，或是在約定好的時間進入會議室參加會議。

　　即使不公開自己真實的面貌，也可以藉由虛擬替身的移動，聽到其他人的聲音，減輕使用者的壓力。當然，除了虛擬替身的活動，使用者也可以像 Zoom 一樣，看見真人的畫面。不過因為有虛擬替身的存在，比起畫面上真人的面貌，人們更好奇對方的虛擬替身位於何處，又是如何移動。換言之，人們主要關注的對象從實際面貌轉向虛擬替身，不僅降低使用者的壓力，也讓使用者更投入參與元宇宙活動。

　　進入元宇宙的方法有以下幾種，一種是只能使用電腦的情況，可以透過網路進入元宇宙平台，享受 2D 的效果；另一種是使用 HMD，享受 3D 的效果，雖然目前還有需要解決的課題，仍處於起步階段，不過現階段有許多跨國企業正積極研究與開發元宇宙所需的軟體和硬體。

　　元宇宙將會帶來一個被稱為「鏡像世界」或「數位分身」的世界。「鏡像世界」是指複製實際情況或訊息而建構的虛擬世界，如谷歌開發的 Google Map 或 NAVER App 等應用程式，就是屬於這類。而呈現道路實況的街景服務，也是擴張真實道路的世界，只是無法百分之百完美重現真實世界。

　　「數位分身」是由美國奇異公司提出的概念，是一種預測結果的技術。在電腦的虛擬世界中建構一個與現實事物相同的雙胞胎，**用電腦預演現實世界可能發生的狀況，藉此事先預測結果**。也就是利用軟體如實呈現真實世界的物理系統與功能、動作，如此一來，就像在鏡子面前同步活動的雙胞胎一樣。數位分身技術正廣泛運用於都市、交通、環保能源、水資源管理、製造工廠或設備技術等領域。

　　數位分身能百分之百重現真實世界，有別於鏡像世界。例如，建造大型工廠並投入運作時，最重要的是提高工廠運作的效率，找出全自動化的管理模式，但是這無法在工廠實際啟用後才掌握。所以如果先在虛擬世界中建構出和實際工廠完全相同的設計、結構、設備，就能在其中測試各種條件與狀況。運用數位分身的目的，就是為了事先找出工廠最佳運作條件，並運用於實際的管理與經營。在虛擬的世界中以數位分身建構現實世界，稱為「建模」（Modelling），而在

數位分身中輸入各種條件與狀況，尋找最佳運作條件，稱為「模擬」（Simulation）。

例如，一棟一百層樓高的摩天大樓，內部有辦公室、百貨公司與住家等，許多人都在這棟大樓生活。假設大樓某處發生火災時，如果人們不知道逃生通道，或是被引導到錯誤的逃生通道，就可能發生大型慘案。然而，在數位分身中，可以事先輸入各種火災發生的可能與環境，找出最佳的逃生路徑與方法，當火災實際發生時便能運用。

數位分身正被廣泛應用於各個領域，像是智慧型城市、大型智慧型工廠、航空器專用噴射引擎、大型船隻引擎等。

元宇宙是指與現實世界的社會和經濟活動相通的 3D 虛擬空間，使用者可以在遊戲等元宇宙的服務中，與其他使用者或事物互動。

近來，NAVER 以 AR 虛擬替身服務 ZEPETO，在元宇宙趨勢中獨占鰲頭，接著又推出數位分身方案 ALIKE，躋身韓國元宇宙市場的最強企業。NAVER Labs 以自身技術開發的 ALIKE，可以在虛擬世界中將現實世界的模樣照搬建模，相信有助於讓應用數位分身的元宇宙生態系，得以高度發展且擴散。

ALIKE 方案的核心，在於可以利用航空照片與 AI，同時製作城市的 3D 模型、街道格局圖、高精地圖（HD Map）

等重要數據。

NAVER Labs 憑藉自身技術，與韓國首爾市一起建構首爾市全區面積達 605 平方公里的 3D 模型，並對外發表；也獨力製作首爾市達 2,092 公里的街道格局圖。至於韓國江南地區 61 公里的高精地圖，預計也將與首爾市一起建構與公開。

在為大型城市製作數位分身時，需要各領域高度發展的 AI 技術，例如，基於航空照片與移動載具（Mobile Mapping System, MMS）數據的複合式高精繪圖（Hybrid HD Mapping）、精密測量技術、數據處理等。

根據非營利技術研究組織 ASF（Acceleration Studies Foundation）於 2007 年發表的《元宇宙路線圖》（*Metaverse Roadmap*），元宇宙可以區分為四種類型：AR、生活紀錄、鏡像世界、VR。

1. **AR**：將 2D 或 3D 呈現的虛擬物體重疊於現實空間上，營造兩者互動的環境，藉此可以帶給人們高度的沉浸感。例如，利用智慧型手機的應用程式拍攝一棟建築物，這棟建築的數位資訊就會呈現在畫面上。

2. **生活紀錄**：將關於人、事、物的日常經驗與資訊截取、儲存、描繪下來的技術。使用者以文字、影像、聲音等形式，將日常生活中發生的所有瞬間擷取下

來，整理、儲存於伺服器上，與其他使用者一起分享。功能類似社群網路。

3. **鏡像世界**：在「資訊持續擴充」的虛擬世界中，建構出一個盡可能忠實反映現實的世界。如「Google Earth」全面蒐集世界各地的衛星照片，每隔一段時間更新，將現實世界不斷改變的面貌，如實反映在鏡像世界中。

4. **VR**：以數位資料建構一個與現實世界相似，卻毫不相干的想像世界。

　　2016 年一推出就受到全球熱烈歡迎的《寶可夢 GO》（*Pokémon GO*），屬於 AR 類型；經常被稱為元宇宙經典案例的《機器磚塊》，則可歸類為 VR；在虛擬世界中如實重現真實世界的「數位分身」，屬於鏡像世界。2021 年，韓國順天鄉大學的新生入學典禮，是以 ZEPETO 進行，在虛擬世界中建構出舉辦典禮的操場，正是運用鏡像世界的案例。

　　NAVER 正積極開發各種類型的元宇宙世界，搶占先機。ZEPETO 使用 AR 和 AI 技術，上傳使用者的照片後，即可生成虛擬的 3D 虛擬替身。使用者可以透過與自己相像的虛擬替身，和其他使用者進行溝通與互動。

　　隨著新冠肺炎疫情加劇，線上交流的文化逐漸普及，

ZEPETO 因此成為 MZ 世代的溝通窗口。目前 ZEPETO 的全球使用者達 2 億人，其中 90％為海外使用者，80％以上為十多歲群體。

以 ZEPETO 稱霸虛擬世界的 NAVER，也推出了「ALIKE 方案」，用以搶占鏡像世界與 AR 市場。近來 NAVER 融合元宇宙的各個類型，不斷加以升級，直接或間接呼應各個領域的需求，在後疫情時代取得大幅的成長。

前述提及的四種元宇宙的類型，一直以來都是獨立發展，直到最近才有所互動，逐漸走向整合的型態。

例如，搜尋引擎從原本以文字為主的搜尋，逐漸升級為 Instagram 的圖片搜尋、YouTube 的影片搜尋，未來甚至可能發展出元宇宙的 3D 世界搜尋。

目前網路上提供的企業、機構或個人網頁，都是從開發者制定或設計的清單中選擇，使用者沒有任何自由，只能被動搜尋與使用。由於缺乏雙向的交流，使用者無法從中獲得特殊的體驗。不過，未來將發展出元宇宙式的網頁，使用者能即時在所有網頁上溝通，獲得更多的選擇權，可以更主動地使用網頁。關鍵就在於如何建構與開發元宇宙網頁，帶給使用者耳目一新的新奇感受，這將決定元宇宙的成敗。

臉書的最終目標，五年內成為元宇宙企業

　　全球科技公司無不將元宇宙視為未來的藍海，積極開發相關技術，推出五花八門的服務，努力搶占市場。他們將網路與行動裝置之後的新世代技術與市場，鎖定在元宇宙上，竭盡所能地投入其中。臉書也沒有缺席，專注開發 VR、AR 等設備，推出 VR 裝置「Oculus Quest 2」等產品。

　　臉書不僅將公司的命運賭在元宇宙相關硬體的開發，甚至宣布改變公司的經營策略與企業文化，目標轉型為實現元宇宙的公司，正式投入元宇宙之戰。臉書創辦人馬克・祖克柏（Mark Zuckerberg）表示，他將改變人們看待臉書的態度，使臉書從社群媒體公司轉向元宇宙公司。

　　他說：「從早上起床的瞬間起，到晚上入睡的那一瞬間，我們都能進入元宇宙中，做任何我們想像得到的事。」

　　2021 年 6 月，祖克柏發信給臉書全體員工，表示「未來臉書將致力於賦予元宇宙生命」，5 年後，臉書不再是社群媒體企業，而是元宇宙企業。所以目前推動與合併的事業，都是為了實現元宇宙的藍圖。

　　對於元宇宙的未來，他的態度相當樂觀，認為「元宇宙是非常龐大的議題」、「元宇宙是手機、網路之後的新寵」。元宇宙不只是單純觀看內容，還能在當中創造各式各

樣的內容。

臉書期待透過元宇宙，也能在數位空間中呈現「存在感」，就像跟對方並肩坐下對談一樣。換言之，臉書要讓朋友之間的線上對話、聊天，或是視訊會議和辦公等，變得更有真實感，所以**目標不在「觀看」網路，而是「進入」網路的體驗，稱為「體真網路」**（Embodied Internet）。

儘管元宇宙相關收入僅占 4%，短時間內無法創造更多收益，祖克柏仍持續增加對元宇宙的投資。目前全球有 20% 的員工投入元宇宙。臉書元宇宙策略的核心，在於同時掌握硬體與軟體，2020 年 10 月推出的 Oculus Quest 2，性能強大卻價格低廉，光是一季就賣出超過百萬台。

臉書計畫建構更豐富、多元的軟體生態系，藉此吸引更多使用者。

除了 VR 裝置，臉書也正進行「Project Aria」的 AR 眼鏡開發計畫，目的在於蒐集音訊與影片，協助臉書尋找眼鏡的使用方法。

至於配戴 Oculus Quest 2 所能體驗的軟體，臉書也正傾注心血開發，為此，臉書開設了專門負責 VR 內容的「Oculus Quest 商店」，販售琳瑯滿目的內容商品。其中收入達到 11 億韓元（約新台幣 2,750 萬元）以上的企業有 50 家，收入超過 110 億韓元（約新台幣 2 億 7,500 萬元）的企

業也有 5 家，顯見市場的高度活絡。

　　身為社群媒體企業，臉書也從 2019 年開始，投入使用 VR 的社群服務「Horizon Worlds」。在 VR 空間中，使用者能操縱虛擬替身與朋友溝通、玩遊戲或看電影。Horizon Worlds 可望成為《機器磚塊》、《當個創世神》（Minecraft）、ZEPETO 的強力競爭對手。

　　無限辦公（Infinite Office）是臉書在 Facebook Connect 大會上發表的虛擬辦公方案。在無限辦公的 3D 空間中，使用者能在 VR 的畫面上添加不同的作業畫面，並且同步作業。目前無限辦公使用的是 Oculus 瀏覽器（Oculus Browser），提供桌面應用程式體驗，不僅是 VR，即使是連結實際周遭環境的 AR，也一樣可行。

　　這種沒有真正的顯示器，而是透過 HMD 在虛擬空間中，開啟多台顯示器來辦公的虛擬辦公室，必須同時用上 VR 與 AR，目前只能在科幻電影中才看得到，還無法在現實生活中真正運用。

　　阻礙這項技術發展的原因，其中一個在於輸入的設備。畫面再怎麼大，作業環境再怎麼舒適，虛擬鍵盤輸入仍耗費不少時間，所以實際鍵盤仍有存在的必要性。為了解決這個問題，無限辦公與電腦周邊製造大廠羅技攜手合作，將羅技 K830 等物理鍵盤帶入虛擬空間中。目前無限辦公已通過

Oculus Quest 2 的實驗版本，相信未來有機會成為元宇宙辦公室最強大的殺手級內容（Killer Content）。

2021 年 8 月中旬，我看見美國 CBS 廣播公司對祖克柏的獨家採訪，過程中公開了臉書正處於開發階段的無限辦公情況。在這場採訪中，女主播與祖克柏親自戴上 Oculus Quest 2，進行線上遠距視訊採訪。

在祖克柏首度公開的無限辦公中，有個 VR 會議服務「Horizon Workrooms」，其中 3D 虛擬替身的形象與實際人物相仿，虛擬替身的動作或手勢都相當流暢自然。尤其代表自己的虛擬替身，髮型和服裝都有相當多的選擇，提高了與實際人物的相似度。雖然是虛擬世界，不過就像真的和其他人在同一個空間開會般，不僅提高了沉浸感，似乎也達到了充分的互動。

這場採訪實現了祖克柏要將臉書打造為元宇宙企業的諾言。期待這將開啟元宇宙辦公室的新篇章，為企業的會議與工作方式、校園的授課方法帶來一場革命。

臉書之所以對元宇宙軟體與硬體孤注一擲，原因有以下幾點：

1. 臉書要像販售電腦與手機硬體設備，並且獨家提供這類電子設備所使用的軟體，就有如掌控應用程式生

態系的蘋果公司一樣，臉書企圖掌握整個元宇宙生態系（在虛擬世界中的溝通、辦公、遊戲、購物、廣告等，攸關日常生活中的一切）。

2. 使用者與提供者雙贏的創作者經濟，是未來商業的核心。正如《機器磚塊》或 ZEPETO 所做的，臉書要建構「創作即內容」的創作者經濟平台與生態系，並且掌握主導權。

3. 搶占包含軟體和硬體在內的元宇宙生態系，建構自家專屬的平台，所以臉書積極開發 VR、AR 設備（例如 Oculus Quest 系列）所驅動的元宇宙作業系統「Reality OS」。

現階段，人們容易將元宇宙與遊戲領域畫上等號，不過在未來，元宇宙將會開啟一個超越遊戲的新世界。臉書將元宇宙視為行動裝置後繼起的全新電腦環境，並且展現出搶占這塊大餅的強烈意志。

元宇宙與過去網路或遊戲的不同之處，在於能**提供傳統網路空間中感受不到的存在感、樂趣與沉浸感**。元宇宙結合 VR 與 AR，協助使用者獲得更廣泛、更與眾不同的體驗，讓人們在線上的互動更加順暢。在家中或客廳的沙發上，就能透過 VR、AR、全像投影與數百公里外的人齊聚一堂，一

起進行各種互動，比如開會、分工合作等，這是元宇宙最大的優點。

　　新冠肺炎導致全球人類必須戴著口罩生活，也許疫情結束後，所有人將會配戴 HMD 或 AR 眼鏡，生活在元宇宙中（見圖表 1-1）。

　　在元宇宙的世界中，人們聚集在一起，就像實際待在彼此身邊一樣，可以從事各種工作與互動，由此開啟新的職業與新型態的娛樂與市場。

圖表 1-1　配戴 HMD 後，進入元宇宙世界

後文將詳細說明引領數位技術的 VR、AR、MR、Holo-Lens、XR 等相關內容。

VR：進入與現實不同的世界

VR 指的是以人工創造出與實際世界相似的環境或情況。戴上設備後，一個不同於現實世界的新空間將在使用者眼前展開。這些設備會利用氣味、氣候、速度等各種要素欺騙人類的感官，以提高虛擬世界帶來的真實沉浸感，重新建構出一個不同於現實的世界。在 VR 中，也可以自由進行互動。

起初 VR 技術開發的目的，是為了發展戰鬥機、戰車等各種軍事模擬訓練，降低實際訓練花費的費用。普遍認為最早的 VR 設備，是 1940 年代美國空軍與航空產業開發出的飛行模擬器。在第二次世界大戰期間，第一台飛行模擬器正式完成。1968 年，被稱為「VR 之父」的伊凡·蘇澤蘭（Ivan Sutherland）開發出 HMD。

儘管 VR 預期被應用在教育與醫療的遠端遙控或勘查等科學目的，然而高昂的費用與技術兼容性仍無法解決，未能成功普及。近來谷歌推出的 VR 設備 Cardboard，是由瓦楞

紙紙盒所製成，價格在數萬韓元以下（約新台幣 250 元），
消費者不再望而卻步（見圖表 1-2）。

**圖表 1-2 谷歌推出的 Cardboard 價格親民，
讓消費者不再望而卻步**

VR 的呈現是將 VR 設備戴在頭上（HMD），藉此體驗
虛擬世界。

透過 VR 進入的世界，是與現實世界毫無關聯的虛擬世
界，使用者進入 VR 可以體驗虛構的內容或 360 度拍攝的影
像，藉由轉動頭部或活動手臂進行遊戲，甚至可以體驗坐上
雲霄飛車上下移動，達到親臨現場般的真實感。

由於現階段技術的局限，VR 所能重現的感官只有視
覺，具體方法是透過 HMD 顯示器在使用者眼前播放影像，

來欺騙人類的視覺，但其餘感官沒有參與，使用者投入虛擬世界的效果有限，所以目前仍在開發能涵蓋其他感官的技術。美國推出一款智慧型手套 VR Glove，使用者能透過觸覺感受抓取物品時的壓力。韓國新創公司 TEGway 在世界行動通訊大會（Mobile World Congress, MWC）上，發表一款能感受影像中冷熱的設備「ThermoReal」。

　　VR 未能普及的原因有兩點，一是技術上的局限，二是價格昂貴。一項新技術或產品推出時，使用者的使用經驗會成為其發展的基礎，然而進入 VR 的門檻過高，市場上又缺乏能夠運用的內容，因而對技術開發與市場擴張造成阻礙。

　　2019 年可謂 VR 大規模普及的元年，多款 HMD 設備接連推出，隨著多家企業投入市場，價格也快速降低。VR 設備的代表作 Oculus Rift，價格從 599 美元下降至 399 美元，HTC VIVE 的價格則從 799 美元下降至 599 美元。目前市場上仍不斷推出價格親民的 VR 設備，銷量也因此提升不少。

AR：虛擬世界疊加現實世界

　　AR 是在現實世界上疊加虛擬世界部分元素的技術。例如《寶可夢 GO》讓存在於虛擬世界的寶可夢，像真的出現

在現實世界道路上；能讓自己的外形合成 3D 影像的相機
App 等。

　　AR 技術是利用相機鏡頭將虛擬資訊或物件疊加在現實
世界上，使 3D 虛擬影像或資訊呈現在我們實際生活的現實
世界中，和 VR 不同，會在現實世界中融入虛擬世界的元素
（見圖表 1-3）。

　　將虛擬世界疊加於現實世界上的 AR，不僅費用低廉，
也更容易實現。就像電影《鋼鐵人》當中，主角穿上鋼鐵人
裝甲，看著頭盔前的螢幕發號施令一樣。

圖表 1-3　AR 是將虛擬世界疊加在現實世界上

　　目前推出的抬頭顯示器 HUD（Head Up Display），能將欲購買的商品總價顯示於螢幕上，或是駕駛要前往的虛擬路標等，呈現在前方的玻璃板上。

　　蘋果公司執行長提姆・庫克（Tim Cook）曾如此強調 AR 的潛力：「AR 體驗就像三餐，會成為你生活中的一部分。」蘋果全力投入 AR 的原因，就是看準 AR 能與現實世界完美結合這點。近期蘋果接連收購 PrimeSense、Faceshift、Metaio 等 VR、AR 相關公司，集中投資 AR 技術。同時，蘋果也為 iPhone 增加 AR 功能，企圖以 iPhone 為媒介，建構全球最大的 AR 平台，藉此搶占市場。蘋果不僅提升硬體性能，例如，開發「iPhone8」與「iPhoneX」搭載的「A11 Bionic」晶片組、性能提升的相機等，也提供 AR 開發工具 AR Kit，要讓使用者有輕鬆自在的 AR 體驗。

　　AR 曾被認為是神奇卻毫無用處的未來科技，不過隨著元宇宙的登場，相信未來會有長足的發展。

MR：結合 AR 和 VR 的優點

　　混合實境（Mixed Reality, MR）是將 VR 的高沉浸感與 AR 的真實體驗感結合在一起的技術（見圖表 1-4）。

圖表 1-4　MR 結合了 AR 和 VR 的優點

　　VR 和 AR 各有其優點和缺點，VR 雖然有較高的沉浸感，卻與現實世界無關；AR 雖然能在現實世界疊加虛擬資訊，然而使用者可以觀看與體驗的畫面大小有限，沉浸感相對較低。超越 VR 和 AR 的局限，將兩種技術的優點結合在一起的，正是 MR。

　　MR 是融合現實世界與虛擬世界的技術，與完全依靠視覺的 VR、AR 不同，MR 結合聽覺、觸覺等人類的五種感官，提供多元且高沉浸感的體驗。

　　近來 MR 的代表作 Magic Leap 頗受矚目，透過 AR，可

以在孩子們集合的體育館中播放出海洋鯨魚的影像。該公司的潛力深受認可，獲得谷歌與阿里巴巴等全球 IT 企業高達 14 億美元的投資。

SR：可以扭曲使用者認知的技術

SR（Substitutional Reality, 替代實境）是 VR 的延伸技術，無需硬體，可廣泛且自由地應用於智慧型設備上。這項技術融合虛擬、現實與認知神經科學，例如，混合現在與過去的影像，重新建構出不存在的人物或事件，藉此刺激大腦，使大腦無法辨別現實或非現實。

SR 會扭曲人類的認知過程，使人類將虛擬世界的經驗誤以為真實發生。與 AR 或 VR 不同的是，SR 的使用者並沒有意識到這個經驗並非事實。電影《魔鬼總動員》（*Total Recall*）、《全面啟動》（*Inception*）當中使用的技術，正屬於此。

SR 可藉由替換使用者記憶的方式，用於創傷治療，也可應用於需要真實經驗的各種訓練、教育方面。

想要像電影那樣，體驗近乎完美的 SR，至少需要 20 年以上的時間；單純的 SR 將於數年內實現；完美的 SR 則預

計花費超過 20 年。

HoloLens：提高生產力的 MR 穿戴式裝置

　　HoloLens 由微軟開發，於 2016 年公開，基於 MR 的穿戴式裝置。不像過去的 VR 設備，完全遮蔽眼前的視線，而是一款半透明的顯示器，讓使用者能一邊查看附近環境，一邊確認追加的資訊或圖像（見圖表 1-5）。

圖表 1-5　HoloLens 能讓使用者同時查看周遭環境與資訊

元宇宙協作平台開發商 Spatial 曾融入微軟的 HoloLens。參與協作的使用者們配戴 HoloLens，即可看見工作視窗與所有人的虛擬替身（它們與使用者本人的面貌極其相似，可達到深入溝通與沉浸感），就像所有人真的聚在一起討論構想與合作，藉此提高生產力。

XR：整合各種技術的元宇宙

XR 是指現實世界與虛擬世界的結合、人類與機器的互動，包含了 VR、AR、MR 等超現實技術，甚至是未來即將

出現的新科技。**XR 強化了現實與虛擬之間的互動，將虛擬的物體重現於現實空間中，或讓人以為是真實的物體**。透過在使用者周遭建構虛擬空間等方式，提供逼真的虛擬體驗。

利用 XR 技術，可以取代醫療、製造、國防工業等危機或危險的情況。此外，也可以因應不同狀況模擬教育或訓練，事先尋找有待改善之處或解決方案，用以應對或預防可能的狀況。由於整合了目前介紹到的所有技術，因此元宇宙也被稱為 XR。

在線上遠距辦公或會議時，只要配戴 AR 眼鏡或 HMD，就能進入 3D 作業環境，將業務投入時間、專注度、工作成效、效率等個人生產力提高到可觀的水準。

進行多重電腦作業時，比起使用單一的螢幕，同時使用多個螢幕能等比提升工作成效與生產力。例如，開啟多個需要的 Windows 視窗，快速切換不同畫面，可以加快作業速度，提高生產力。這種作業環境就稱為「無限辦公」，和臉書目前作為未來主力開發的項目名稱相同。

VR 頭戴式裝置適用的版本推出後，正以相當快的速度進行改善。不僅是多工處理，也便於移動式業務環境的建置。比如：涉及多人的共同作業與協作時，可以一次開啟多個需要的視窗進行溝通與作業，大幅提高生產力；編寫程式或製作簡報時，需要同時開啟多個視窗作業等，元宇宙辦公

室能讓這個夢想成真。

　　在未來，將元宇宙辦公室環境設計成適合協作或辦公舒適的工作，也將陸續誕生。

02 加速世界和人類改變的疫情革命

疫情瞬間帶來的變化

10 年前，智慧辦公是企業與公司最重要的課題，企業紛紛將辦公方式迅速轉換為智慧辦公。我也預料到這樣的變化，針對「智慧辦公」開發教育課程，持續發表演講、提供教育與顧問諮詢。

將需要的程式和數據安裝於電腦裡的內部部署（On-premise）模式，逐漸轉向不受設備影響，隨時隨地都能連接虛擬空間的雲端模式。

我在 10 年前率先在國內提供智慧辦公的教育與推廣，雖然中途沉寂了一陣子，但近來又因為疫情的緣故再度浮上水面。如今，全世界已經進入了智慧辦公的時代。

為了呼應當前局勢，我於 2012 年出版了《Hi，雲端》（Hi, 클라우드）一書，告訴人們何謂雲端，以及有效運用雲端系統、程式與工具的方法。為了方便聽眾線上學習智慧辦公，也開發了 16 堂課程「引領成功商務的智慧辦公」。

　　另外，安排了 16 小時的「智慧辦公教育課程」，提供線下進修智慧辦公的管道。從 10 年前開始，已經有許多國內企業與跨國企業選擇這項課程，並且至今仍持續教育員工如何智慧辦公。

　　繼智慧辦公後，新冠肺炎導致民眾須保持社交距離，企業與組織紛紛轉為線上辦公。員工也能根據自己的業務方式與風格，自由選擇在不同場所與空間中辦公。想要推動遠距辦公，自然少不了相對應的線上合作方式與工具。為了呼應企業的這種需求，我與韓國能率協會（KMA）攜手合作，共同開辦名為「遠距工作」的教育課程。

　　邁入第四次工業革命，不僅是技術發展引發的變革，也是人類主導的革命。在這場革命中，人類將憑藉自己的力量克服自然或環境，成為改變世界的主宰者。

　　然而疫情帶來了巨大的改變，我稱之為「疫情革命」，這並非由人類的技術發展所帶動，而是病毒強迫造成的改變，瞬間顛覆了人們原本的工作方式（包含業務、教育、醫療、活動等）。這是一場大自然主宰人類，強制改變人類的革命，並非由技術與產業的變化所造成，所以不能歸類為工業革命。

　　回顧人類歷史，也有幾次像新冠肺炎一樣改變世界與人類的「疫情革命」。

黑死病擊潰歐洲，卻帶動文藝復興

1350 年，席捲歐洲的黑死病，瞬間帶走了三分之一的人口。由於勞動力匱乏，向富裕領主租田耕種的舊有封建制度開始瓦解，導致西歐走向近代化與商業化，也帶動貨幣經濟的形成。

勞動力的減少也導致工資上漲，企業家開始投資能取代人類勞動力的技術開發。接著大航海時代來臨，從海路出發尋找其他大陸的需求出現，刺激了歐洲殖民主義的膨脹，西歐諸國紛紛在世界各地建立霸權。

黑死病終結了封建的時代，同時加速歐洲的帝國主義，並且開啟了文藝復興的時代。

征服美洲的天花

在歐洲殖民地逐漸擴張的 1400 年代末期，美洲大陸上約有 6,000 萬人居住。當時全世界人口約有 6 億人，光這塊土地就住著 10％的人口。但在成為歐洲的殖民地後，人口急速銳減到大約 500 萬至 600 萬人。在開拓殖民地時，有不少原住民遭到殺害，隨著歐洲開拓者傳入的細菌「天花」與

疾病，免疫力不足的大量原住民遭到消滅。

由於生存者的數量急遽減少，人類耕種或居住的土地面積也大幅萎縮，原本人們居住的土地自然地回歸森林或草原。植物與樹木的增加，降低了大氣中二氧化碳的含量，進而使多數地區的氣溫下降。這樣的變化遇上大規模火山爆發與太陽活動的減少，為世界各地帶來氣溫驟降的小冰期。

深受氣候與環境變化影響的地區，正是歐洲。當時歐洲面臨了嚴重的歉收與飢荒，陷入水深火熱之中。換言之，天花導致了地球氣溫的變化，進而造成歉收與飢荒。

西班牙人靠病菌征服印加帝國

15 世紀初，祕魯勢力向南北擴張，整合了使用 20 種語言的百餘個部落，容納 1,200 萬以上的居民。

他們開鑿灌溉設施，大規模栽種玉米、大豆、辣椒、馬鈴薯、番薯等作物，也建設完善且精良的道路系統，像是開闢橫貫安地斯山脈多條山脊的道路，形成總長達 3 萬公里的龐大路網，條條大路通中央。

1532 年，西班牙人皮薩羅（Francisco Pizarro）帶領配備火繩槍與馬匹的士兵，以強勢軍力擄獲印加帝國的皇帝阿

塔瓦爾帕（Atawallpa），虐殺大量印加人。不過當時死在西班牙軍隊槍下的人，遠不及被歐洲傳入的細菌感染而死亡的人，所以西班牙人之所以能征服印加帝國，並非依靠槍枝與武器，而是病菌。西班牙人算是藉病菌征服了印加帝國。

使中國明朝滅亡的鼠疫

　　明朝統治中國幾乎長達三個世紀，當時中國在文化或政治對東亞地區有極大的影響力。然而到了 1641 年，中國北方鼠疫擴散，許多人因此喪命。部分地區甚至有 20% 至 40%的人口死亡。

　　除了鼠疫，當地還伴隨著乾旱與蝗災，導致農作物乾枯，飢腸轆轆的人們開始食用因傳染病而死的屍體，加速了傳染病的擴散。於是鼠疫由北方的侵略者傳入並擴散，最終導致了明朝的滅亡。

　　從滿州地區來的侵略者消滅了明朝，建立清朝，其實也算是藉由鼠疫消滅了明朝，建立大清王朝。

🔲 擊退拿破崙的黃熱病

法國拿破崙於 1800 年代出兵海地時，當地爆發黃熱病，5 萬名士兵只剩 3,000 人活著回到法國，拿破崙最終放棄征討海地。

在賈德・戴蒙（Jared Diamond）《槍炮、病菌與鋼鐵》（*Guns, Germs and Steel*）中，將改變世界歷史的三個要素定義為槍砲（武器與戰爭）、細菌（病菌）和鋼鐵（技術、文化、制度、貿易等）。槍砲與鋼鐵看似是決定征服之戰的勝利，實現殖民地擴張與獲得奴隸的關鍵，然而根據書中描述，其實細菌發揮了更大的影響力。

歷史告訴我們，**比起肉眼可見的槍砲與鋼鐵，肉眼看不見的細菌具有更大的破壞力**。目前我們正經歷的新冠肺炎，也對人工智慧、機器人所主導的第四次工業革命技術及人類歷史的發展，造成相當大的影響。人類未來將會快速且大幅改變，而這將遠遠超乎我們的想像。

人類與新科技主導的第四次工業革命，已經興起一段時間，但是疫情革命卻在第四次工業革命興起的過程中爆發，當前急需快速改變。

每一次工業革命的改變程度，都以線性比例增加。假設由蒸氣機帶動的第一次工業革命，改變的程度是「1」；

利用傳送帶進行量產的第二次工業革命，改變的程度就是「10」；電腦與網路帶動的第三次工業革命是「100」；而大數據、物聯網、雲端、機器人、AI 帶動的第四次工業革命就是「1,000」。但疫情革命帶來的改變程度，卻是能瞬間改變全世界的「難以預測」。

當務之急應是預測疫情結束後，整個國家與社會、技術與文化、經濟將產生什麼樣的變化，我們的生活與工作方式又將如何改變，並對此事先做好準備。目前可以確定最大的改變，將會是線下與面對面的交流方式，轉向線上與非面對面的零接觸模式。對此，我們必須做好萬全準備因應。

在需要進辦公室工作的時代，主管必備的領導能力是溝通與傾聽、關懷、賦予權責、領袖魅力、輔導培訓、透明度；隨著居家辦公與遠距工作逐漸成為常態，最重要的領導能力將會轉變為有效主持視訊會議，進而達成目標的「引導主持」（Facilitation）技能。因此以這波疫情為起點，領導能力將出現如圖表 1-6 的變化。

2021 年 7 月，韓國文化內容振興院（KOCCA）針對目前文化內容領域中最受矚目的元宇宙，進行大數據分析。在選出與該主題相關的核心議題，並分析其特性後，發表名為〈從大數據看元宇宙世界〉的研究論文。

這項研究的設計是為了分析元宇宙相關大數據，因此以

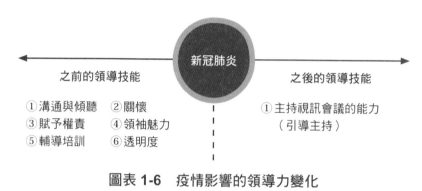

圖表 1-6　疫情影響的領導力變化

10 年為單位區分 1990 年代、2000 年代、2010 年代、2020 年代，蒐集並選出各個時期主要的關鍵字，分析核心議題的特性。

　　這項研究中使用的關鍵字有五個，分別為元宇宙、AR、生活紀錄、鏡像世界、VR，共分析 24,000 件新聞報導。分析結果顯示，1990 年至 2020 年為止，整個社會對元宇宙相關的討論，主要在於對新技術服務的關注，以及運用元宇宙帶來的變革和經濟成長，主要議題皆反映了各個時代的變化。

　　各時代主要議題分析如下：1990 年代聚焦於網路通訊服務、VR 技術、新興商業市場；2000 年代聚焦於 VR 服務、網路中毒及暴力、新世代成長動力；2010 年代聚焦於第四次工業革命人才養成、AR 技術與 AR 及 VR 服務；2020 年代聚焦於智慧型 App 及技術改革、元宇宙徵才及招生，以及

順序 （比重）	主要議題			
	1990 年代	2000 年代	2010 年代	2020 年代
1	網路通訊服務	VR 服務	第四次工業革命人才養成	智慧型 App、技術改革
2	VR 技術	網路中毒、暴力	AR 技術	元宇宙徵才、招生
3	新興商業市場	新世代成長動力	AR／VR 服務	偶像（虛擬替身）、虛擬表演
4	電影、小說、故事	VR 電影	地區文化、文化遺產	文化遺產數位化
5	經濟模式的改變	VR 技術發展	技術革新、創新企業	元宇宙相關股票
6	未來社會省思	文化、制度檢討	AR、扮演遊戲	社交孤立、中毒
7	網路戒除、副作用	數位展覽	全球經濟環境	汽車 AR 技術
8	遊戲人氣增加	網路 Kuso	對社群媒體的反感	政府政策、經濟成長

圖表 1-7　1990 年至 2020 年各時代的關注議題

偶像（虛擬替身）和虛擬表演等議題（見圖表 1-7）。

　　整個社會對元宇宙的關注，從 2010 年代開始緩慢增加，並且在 2021 年快速增加。在疫情爆發後，線上往來與落實社交距離逐漸成為常態，與虛擬表演或活用虛擬空間相關的徵才、招生等活動應運而生，社會對元宇宙的關注也與

日俱增。與元宇宙相關的主要關鍵字，開始轉向因應時代變化的基礎設施與網路、遊戲及電影等 VR、文化內容、大數據、物聯網等第四次工業革命、ZEPETO、區塊鏈等。

近來吹起的元宇宙熱潮，不會只是曇花一現，元宇宙已經與各個領域相互銜接，許多企業也正積極參與及投資。

提供數位新體驗，留住客戶

第四次工業革命的時代已經來臨，數位轉型多年來一直是各個組織與公司最優先實現的目標，所有領域或產業都是如此，若不盡快趕上，就可能慘遭市場淘汰或在同業競爭中敗下陣來。近年來這股危機意識日益增強，所以各家公司紛紛委任數據科技（Data Technology, DT）負責人，組成專家團隊，積極投入數據科技的引進與普及。

數據科技的最終目的是為了要提供給客戶新的體驗。**當客戶享受企業所提供的新體驗，就有機會成為該企業的忠實客戶**，進而主動向旁人推薦或宣傳該公司，一傳十，十傳百，達到宣傳的效果。

那麼，數據科技只對新的體驗有效嗎？可能有人會問，過去類比時代的客戶體驗，難道就沒有意義嗎？類比時代的

　　客戶體驗當然也有意義，不過客戶所能獲得的體驗類型或範圍有一定的局限，難以做出與競爭公司的差異化。反之，數位時代的客戶體驗更加豐富，能提供更多元的經驗。在開發與提供客戶體驗上，也有更大的彈性，所以效果也更好。

　　根據美國電腦軟體公司 Adobe 於 2021 年發表的數位趨勢報告，在客戶體驗先驅中，有 70％以上創造了超越同業競爭者的商業成果。這些擁有成功策略與技術的先驅企業，獲得客戶忠誠度的可能性是一般企業兩倍以上。也就是說，客戶永遠懂得避開提供劣質數位體驗的企業。

　　若這些先驅企業搶先瞄準元宇宙，並選擇元宇宙作為客戶體驗的新平台，積極站上業界的前端，享受了搶占先機的好處，後起企業想要超越先驅企業，幾乎成為不可能的挑戰。

　　從數年前開始，先驅企業開始將即時 3D 技術、AR 及 VR 等技術，廣泛應用在電影或產品設計、自動化生產、建築物設計等不同領域。為了防疫嚴格落實社交距離、增加線上往來，元宇宙瞬間成為寵兒。

　　熟悉 3D 遊戲與虛擬替身的 MZ 世代，助長了元宇宙的熱潮。MZ 世代懂得如何在元宇宙空間中，創造一個彰顯自己獨特性格的虛擬替身，代替自己在虛擬空間活動，也擅於利用虛擬道具來打扮虛擬替身，藉此向他人誇耀，所以相當瘋迷元宇宙。

在瞬息萬變的世界，想要吸引高購買力的新世代客戶，須提供嶄新的客戶體驗，在技術面上有幾個重要的項目：

- 了解 B2C（企業對消費者）企業與 B2B（企業對企業）企業的重點不同。
- B2C 企業以個人化服務為優先，其次依序是 IoT 與連線設備、影像、AI 與機器人、AR 及 VR。
- B2B 企業也是以個人化服務為優先，接著依序是影像、AI 與機器人。

也許很快，元宇宙就會提供使用者獨特體驗，且擊敗其他項目，成為最重要的技術。

03 推動元宇宙熱潮的 MZ 世代

　　虛擬世界中所運用到的數位科技與第四次工業革命技術，帶給人們相當大的距離感。新技術與新趨勢的變化，經常造成人們的心理負擔，要理解或上手一項技術，就已經相當不容易，然而沒過多久，又出現了新的技術和商品。

　　想要逃避這種變化，又怕跟不上時代，會在激烈的競爭中被淘汰；想要跟上這股趨勢，卻又困難重重。對部分人而言，這些技術與變化必須投入時間與努力，主動學習、嘗試才行。

　　相較於前述必須主動學習數位技術的年長世代，MZ 世代能自然而然地接受新的數位技術，將它視為新鮮有趣的遊戲。儘管疫情使線下活動受到限制，MZ 世代依然可以透過虛擬替身代替自己，在虛擬世界與其他人溝通，維持社交關係，並且享受娛樂活動與消費。這樣的元宇宙成為 MZ 世代最熱中的數位代碼（Digital Code）。

　　MZ 世代不將元宇宙看作是虛構的 VR，而是可以實現在現實世界中無法辦到的事情，是一個比現實世界更有趣且充滿魅力的世界。在疫情肆虐全球的情況下，元宇宙依然不

受任何限制，即使不戴口罩，也能觀看防彈少年團的表演、欣賞盛開的櫻花，甚至能照常跟朋友見面，或和心儀的異性約會。

　　MZ 世代在元宇宙度過的時間，比在現實世界更長，因此越來越多企業瞄準未來最重要且購買力最強的消費者族群「MZ 世代」，積極發展元宇宙技術。

　　令 MZ 世代為之狂熱的元宇宙中，究竟有哪些內容呢？

不只是遊戲，還能社交、賺錢、花錢

　　設計遊戲的平台《機器磚塊》，是一款利用元宇宙技術的遊戲，在 2021 年 3 月攻占各大新聞媒體的頭條。不僅創下單月高達 1 億 5,000 萬使用者的驚人數據，隨著公司的成長，市值更達到 380 億美元。新興遊戲企業發展至這樣的規模，已經超越傳統遊戲龍頭企業的市值，這告訴我們，元宇宙將對會未來的遊戲產業帶來極大的影響。

　　《機器磚塊》是透過許多像樂高人偶一樣可愛的虛擬替身，在虛擬世界中進行各種體驗的遊戲（見圖表 1-8）。

　　疫情爆發後，北美地區小學生宅在家的時間增加，《機器磚塊》便成為最受小學生歡迎的遊戲，最大的優點是，儘

管在虛擬世界，也能像現實世界一樣進行溝通、經濟活動、休閒活動。

使用者多數為兒童，在《機器磚塊》中結交朋友、賺錢或花錢，且進行各種刺激多樣的休閒活動。《機器磚塊》不會讓人感到無趣，一旦著迷，就可能深陷其中而無法脫身。由於虛擬環境的仿真度相當高，使用者的忠誠度也很高。

組合積木建造大樓的網路版樂高遊戲《當個創世神》，每月使用者高達 1 億 3,000 萬人，銷售突破 2 億，和《機器磚塊》並稱元宇宙平台中的兩大山脈。

圖表 1-8　《機器磚塊》深受 MZ 世代喜愛

打造自己喜愛的虛擬替身

　　由韓國 NAVER Z 所提供的虛擬替身平台 ZEPETO，是利用元宇宙技術的商業代表，目前有超過 2 億的會員。《機器磚塊》是充滿樂趣的虛擬遊戲空間，深受孩子們的喜愛，而 ZEPETO 則是在虛擬空間中，透過虛擬替身重現自己的魅力，以十多歲青少年族群為中心發展。

　　在 ZEPETO 中，使用者可以創造一個和自己相似且充滿魅力的 3D 虛擬替身，並設計自己專屬的空間，藉此與其他人溝通、交流，進行各種娛樂活動。與其說是遊戲，ZEPETO 更接近以溝通為目的的元宇宙。

　　ZEPETO 與眾不同的魅力，也在於與 K-pop 明星及國際知名品牌的積極合作。2020 年，韓國女子團體 BLACKPINK 在 ZEPETO 舉辦虛擬粉絲簽名會，並且發表新歌的舞蹈版 MV。在這場活動中，數千萬的使用者與 BLACKPINK 的虛擬替身一起度過愉快的時光。在線下娛樂體驗漸趨困難的疫情時代，全球 K-pop 粉絲依然能跳脫時間與空間的限制，與自己喜歡的明星見面、溝通，繼續追星。

跨界元宇宙合作行銷的時尚精品

全球知名時尚品牌沒有直接經營元宇宙平台，而是與平台合作，利用元宇宙作為商品行銷的管道，其中又以GUCCI 與 Balenciaga 最具代表性。

相較於其他競爭的奢華時尚品牌，GUCCI 更快呼應時代的變化，也比其他時尚品牌更早接觸元宇宙的運用。2021年 2 月，GUCCI 與 ZEPETO 合作，在虛擬空間中打造一座「GUCCI Villa」，讓使用者可以在此旅行。

在 GUCCI Villa 中，使用者可以購買 GUCCI 精選服飾及配件，用來裝飾自己的虛擬替身。透過與現實相對應的產品與低廉的價格刺激消費者的購買欲望，一般要價數十萬到數百萬的 GUCCI、LV、Burberry 等高級品牌服飾，以 4,000韓元（約新台幣 100 元）就能買到。運用的是長期耕耘的策略，先讓名牌好感度較低的 MZ 世代，在元宇宙中熟悉自家公司的品牌，進而真正在現實生活中掏錢購買。

在《機器磚塊》中，GUCCI 也打造了一處充滿魅力的虛擬空間「GUCCI Garden」。使用者能運用 GUCCI 獨特的風格與色彩裝扮虛擬替身，並在社群媒體上分享成果，而這也成功達到了口耳相傳的效果。

Balenciaga 則在 2021 年秋季時裝週上，以一部電玩遊

戲影片做為開場。當天 Balenciaga 發表了 2021 年秋季穿搭型錄（Fall 2021 Lookbook），推動與元宇宙平台 Sketcfab 的合作。

此次穿搭型錄是以 2031 年未來世界為主題，特別以電玩遊戲的形式呈現。換言之，Balenciaga 透過電玩遊戲《後世》（*Afterworld*），來呈現穿搭型錄。這部以虛擬空間為背景拍攝的影片，由法國遊戲開發商 Quantic Dream 操刀，完成了更高品質的內容。

這部影片是藉由動態捕捉技術，以拍攝演員實際舞蹈動作，屬於運用元宇宙製成的內容，近來尤其受到矚目。想要拍出這樣的作品，必須具備 3D 臉部動態捕捉與即時彩現技術。彩現技術是運用感應全身的動態捕捉技術，製作出完整複製人體動作的數位模型，在動態捕捉的瞬間生成圖像。彩線技術讓網路直播成為可能，也擴大了虛擬人物的活動範圍。

負責開發這款遊戲的 Quantic Dream，是運用此一技術進行各項計畫的專業團隊。在以 Balenciaga 描繪的未來為舞台，生動呈現虛擬時裝秀的空間中，使用者能近距離觀賞穿戴 Balenciaga 最新產品的模特兒。

販售線上虛擬替身周邊用品，產值達 50 兆韓元（約新台幣 1.25 兆元）的 D2A（Direct to Avatar，直接賣給虛擬替身而非消費者）模式，是目前一流時尚企業積極開拓的目標。

　　Burberry 發布衝浪遊戲《B Surf》；拉夫勞倫（Ralph Lauren）發表 Snapchat 相機專屬的時裝秀與穿搭型錄；Levi's、LV、Valentino、Marc Jacobs 等品牌，也極積推出虛擬商店或舉辦活動，透過元宇宙平台宣傳自家公司。

　　單純打造一個模仿現實的虛擬空間，遠遠不夠。不僅要提供與眾不同的虛擬體驗，提高品牌的能見度，**更重要的是改善客戶的數位體驗，刺激購買欲望，提高消費者對企業實際產品及服務的喜好度。**

　　要如何與擁有大量使用者，以 MZ 世代為大宗的《機器磚塊》、ZEPETO 等元宇宙平台合作，才能達到最大的效果，各家企業必須有策略性的規劃才行。GUCCI 與 Balenciaga 已經展現了成功的元宇宙行銷案例，其他企業應以這兩大品牌為標竿學習，建立自身企業的元宇宙運用策略。

04 聲量超越真人的虛擬人物

韓國虛擬歌手的始祖 —— Adam

　　在 IT 技術處於起步階段的 23 年前，韓國已經開發出運用 VR 的虛擬人物，與元宇宙概念出現的時期相近。1998 年 1 月，韓國第一位虛擬網路歌手 Adam 正式在電視上亮相，主打歌《世上不存在的人》大受歡迎，第一張專輯賣出 20 萬張，可謂旗開得勝。在 Adam 獲得意外的好評後，第二位虛擬網路歌手 Lusia 也在同年出道，發行唱片，並且持續活躍至 2003 年，是目前最長壽的虛擬網路歌手。

　　他們在發表第一張專輯之後，都沒有繼續受到關注。若要吸引大眾的興趣，必須上電視節目宣傳，然而以當時的技術程度還不足以實現，光是在電視上出現一個小時，就需要運用高級繪圖技術來呈現 Adam 一個小時的嘴型與表情，甚至是動作，以當時的技術無法辦到。與投入開發 Adam 的資金相比，支出於後續宣傳的費用更驚人，造成收支失衡。

　　Adam 可謂韓國虛擬名人的始祖，有貼近真實人類的設定：喜歡泡菜火鍋，從小熱愛搖滾，精通艾力克‧克萊普頓

（Eric Clapton）的藍調吉他彈奏手法。他被設定為像真正的人類一樣喜歡人類女性，有著能自由出入虛擬與真實兩個世界的世界觀。在 Adam 消聲匿跡後，甚至出現他跟人類男性一樣入伍服役的傳言。雖然不時會有讓 Adam 復出的消息，不過現階段依然「只聞樓梯響，不見人下來」。

從保險公司廣告出道的虛擬網紅 —— Rozy

2021 年韓國某家保險公司在成立統合法人的三個月前，品牌部與廣告代理商的員工每週緊密開會，目的是要讓重新成立的大型保險公司獲得年輕世代的關注，計畫挑選合適的模特兒以呈現富有活力且創新的廣告概念，卻遍尋不著。在那段期間，有許多知名藝人接連爆出校園暴力、Me Too 等醜聞。這時眾人浮現了運用沒有負面新聞的虛擬人物作為代言人的想法，雖然對於虛擬人物能否達到預期效果，眾人抱持著半信半疑的態度，不過最終還是同意嘗試，於是虛擬人物 Rozy 就此誕生。

在統合法人成立的同時，新韓 LIFE 的電視台也發布廣告。活力四射的二十多歲女舞者，觀眾們無不以為是新挖掘的藝人，然而 Rozy 卻是虛擬人物。即便如此，YouTube 瀏

覽人數已超越 1,000 萬人，現在甚至達到 1,500 萬人次。

Rozy 本名為吳 Rozy，年齡是永遠的 22 歲，出生於韓國首爾江南區的 Sidus Studio X（開發商）。Rozy 學習的典範是英國虛擬女模 Shudu[*]。Rozy 的概念籌備將近 1 年，於 2020 年 1 月開始著手製作，歷時 6 個月才完成。

為了打造出一張獨一無二的面孔，幾乎有一半的製作時間，都投入在臉部的設計。製作團隊分析了國內外無數名人的臉，只為了打造出能讓 MZ 世代產生好感、稍微中性又不失個性的臉。首先完成圖片形式的 2D 形象，再根據 2D 形象製作 3D 模型。再接著調整皮膚的質感、植入頭髮，以及塑造身體的模樣。最初基本表情設定了 54 種，為了能更細膩地表達情緒，又繼續製造出 800 種表情。

隨著虛擬人物的製作技術日漸成熟，韓國 3D 影像產業也擁有了製作的實力。Rozy 不只是單純的虛擬人物，除了有著自己獨特的個性與世界觀，她會在社群媒體上與年輕世代溝通互動，晉升為「韓國第一位虛擬網紅」。

Rozy 的 Instagram 帳號上，並未介紹自己是虛擬人物。在帳號開通後，就獲得人們熱烈的迴響，「太棒了」、「好

---

[*] 英國虛擬女模，曾在 2018 年法國時尚品牌寶曼（BALMAIN）的秋季系列中登台。

有魅力」、「構圖和風格都是我的菜」等留言不斷湧入，3個月內追蹤人數就達到 13,000 人。2020 年 12 月，Rozy 正式公開虛擬人物的身分，不料追蹤人數不減反增，上升至44,000 人，截至目前已經超過 10 萬粉絲。

英國虛擬女模 Shudu 和 Rozy 曾同時在 Instagram 上傳一張照片，照片中 Shudu 身穿韓服風格的衣服，Rozy 身穿非洲服飾。這張照片其實是分別製作 3 個月左右，再合成為一張照片。相信未來真實模特兒與虛擬模特兒之間的合作，將會更加頻繁。

「2021 年 2 到 3 月，我們到處打電話宣傳 Rozy，得不到任何回應。在新韓 LIFE 廣告推出後，收到了超過 70 件的廣告合作案，但是我們沒辦法全部消化。最後多拍了兩支廣告，目前還有兩支正在籌備。也許起用虛擬人物，可以營造品牌走在時代前端的形象，所以與時尚、汽車、環保、數位管理相關的企業，聯絡最為積極。我們也預計在 2021 年推出虛擬男性，有些廣告商甚至指明要優先使用。」

與年長世代不同，**MZ 世代通常不把虛擬人物看作是與自己不同的「假人」，而是能與自己溝通的「網紅」**。Rozy

在公開虛擬人物的身分後，好感度反而增加，就是一個證明。未來虛擬人物若能超越商業目的，呈現虛擬人物自身明確的世界觀，相信將能蛻變為與 MZ 世代溝通無礙的「虛擬網紅」。

虛擬網紅的成就不輸真人

活躍於 Instagram、Twitter 等社群媒體或 YouTube 上的名人，稱為「網紅」，是近年來企業行銷相當重要的管道。韓國從數年前開始，非真實人類的虛擬人物也陸續加入網紅的行列，被稱為「虛擬網紅」或「CGI 網紅」（電腦合成影像網紅）。在線上媒體 Virtual Humans 中，收錄的全球虛擬人物據說超過百人。

以 Instagram 追蹤數來看，第一名是巴西的 Lu（540 萬粉絲），由巴西大型物流業者 Magalu 開發，從 2009 年使用至今。

而在全球發展最成功的虛擬網紅，就屬住在 LA 的 19 歲流行歌手 Lil Miquela。

巴西裔美國人 Lil Miquela 出現於 2016 年，翌年發行新歌，也曾擔任知名時尚品牌的模特兒。2018 年獲時事週刊

《時代》（*Time*）雜誌選為「25 位最具影響力的網路人物」之一，與防彈少年團並列其中。2020 年收入更高達 1,170 萬美元。

Lil Miquela 由美國新創公司 Brud 所創造，該公司也推出奢華風的白人女性 Bermuda（29 萬粉絲）、性感路線的男性 Blawko22（15 萬粉絲），也會不斷製造如真實網紅般的爭議。例如：政治上偏向川普的 Bermuda，就曾駭入 Lil Miquela 的 Instagram，後來兩人和好，還一起拍照上傳貼文。

除此之外，也有更多虛擬網紅活躍於各大品牌。住在美國亞特蘭大的 21 歲青年 Knox Frost（73 萬粉絲）、非裔 Shudu（22 萬粉絲）、特徵為粉紅色短髮的日本 IMMA（34 萬粉絲），都曾擔任 IKEA 店鋪模特兒。

成為社群迷因的數位人物

除了廣告，也有活躍於其他領域的虛擬人物，例如，三星電子推出數位人物 SAM 和 LG 推出虛擬人物金來兒。

三星電子巴西法人為銷售教育開發的數位人物 SAM，是巴西視覺藝術製作公司 Lightfarm 與三星第一企劃攜手製作的角色。儘管不是以廣告為目的製作，在角色公開後，

SAM 依舊立刻吸引了人們的關注，尤其深受歐美使用者的歡迎，經常出現在社群媒體上的迷因，甚至出現「Samsung Girl」的暱稱。也有許多人角色扮演 SAM，並拍照分享。

　　LG 電子開發的 23 歲女性音樂人金來兒，也時常透過社群媒體分享自己的日常生活、與粉絲溝通交流，為一名虛擬網紅。不僅會宣傳自家產品，也大方在社群媒體上公開虛擬人物的身分，發表有趣的貼文，給人親切舒服的感覺，深受 MZ 世代的喜愛。

　　在開發金來兒的過程中，運用了 3D 動態捕捉技術，讓角色看起來更像真人。開發團隊利用動態捕捉拍攝真人的動作，製成大數據，再從高達七萬多筆的資料中，選出實際人物的動作與表情，套用於虛擬人物上。

　　虛擬人物有「元宇宙人物」、「數位人物」等各式各樣的名稱，隨著大眾對 VR 與元宇宙的關注日益提高，虛擬人物也逐漸為人熟悉。相信未來在各個領域中，都將誕生更多虛擬人物。

MR 技術讓虛擬人物像真人一樣

　　人氣歌手和相似度百分百的虛擬替身一起登台熱舞；召

喚遊戲角色到我的書桌上，進行遊戲；360 度回放職業高爾夫球選手轉身動作，加以分析……，這一切都是利用 MR 技術，達到超越虛擬與現實的技術。具體操作方式如下：

當真人在舞台上移動或跳舞時，由 106 台攝影機 360 度以每秒最多 60 幀數（60fps）拍攝，形成有如真人動作般的高畫質 3D 全像投影。這項技術被稱為「動態立體捕捉」（Volumetric Capture）技術。將現有的 3D 建模程式自動化，就能以較低的價格在短時間內完成 3D 影像。動態立體捕捉技術主要應用於娛樂與遊戲方面，目前 B2B 產業也積極推動中。

攝影時產生的每秒 10GB 大小的數據，在去除背景後，形成點雲（Point Cloud）。接著經過 3D Mesh 的過程，建構出不輸真實模樣的人物形象，完成資料壓縮率與兼容性高的 3D 影片格式（MPEG4）。

這一切作業過程，都在 SK 電訊經營的 Jump 工作室中進行。工作室規模約有 50 坪，內有攝影棚、工作室與休息室等空間。

Jump 工作室的 MR 內容，集結了兩家公司的立體影像技術。先利用微軟的「動態立體影像捕捉」（Volumetric Video Capture）技術，以全像投影呈現人物的動態行為，再利用 SK 電訊「T Real 平台」的空間辨識建模技術，使全像

投影與現實空間更自然地融合。

例如，在製作 3 分鐘左右的 MR 內容時，如果以傳統方式製作，通常需要花費 3 至 4 個月的時間，投入數億元以上的費用，但在 Jump 工作室中，只需要 1 至 2 週的時間和不到一半的費用，就能完成製作。

傳統 3D 建模的內容製作方式，必須經過「攝影→網格（Mesh）生成→材質貼圖（Texture）→建立骨架（Rigging）→動態生成→結果」等複雜的手工過程。但是 Jump 工作室從網格生成的步驟開始到動態生成，全部應用自動處理，因此能在短時間內開發出高品質的成果。

Jump 工作室將拍攝 1 分鐘產生的 600GB 影片數據，自動壓縮為行動串流（mobile streaming）可容納的 300MB 大小，並支援與過去媒體製作系統兼容性高的影片格式（MPEG4），所以能快速製作立體影像內容。

2020 年，美國一家名為 IPsoft 的公司發布了一款虛擬女性員工 Amelia，主要業務相當廣泛，包含：保單審查、人事管理、IT 服務等。她可以一天工作 24 小時，連續 365 天上班。目前大約有 500 家企業雇用 Amelia。最大的優點在於能即時分析數據，做出正確的決定。月薪為 1,800 美元。

薪水低廉又全年無休，一天工作 24 小時，這樣的工作條件肯定會有法律問題，不過雇主大可不必擔心，因為

Amelia 是虛擬人物。之所以把 Amelia 稱為虛擬員工，而不是正式員工的原因，在於 Amelia 無法進行複雜的意見交流，也無法提供獨創的問題解決方案。

未來在 AI 技術的高度發展下，相信 Amelia 所能負責的業務範圍將更加廣泛，職位也會越升越高。Amelia 目前正透過深度學習累積新的業務、培養實力，於客服中心擔任接線員，可謂白領階級的虛擬人物。

過去取代藍領階級工作的機器人出現時，就有未來白領階級的工作也將被快速取代的言論。過去因為工業革命失去工作的勞工，曾發起破壞機器的盧德運動（Luddite），未來 21 世紀也可能歷史重演，出現針對白領 AI 或機器人的破壞運動。

這樣的技術，未來將直接應用於元宇宙當中使用的虛擬替身。目前虛擬替身需要由使用者操縱，待未來結合人工智慧後，無須使用者直接介入，虛擬替身也能根據 AI 決定意見與行動。

第 **2** 章

元宇宙技術的現在與未來

01 軟硬體兼顧，縮小虛實差距

　　想要實現元宇宙，並提供使用者高沉浸感和與眾不同的體驗，重點應縮小現實世界（物理環境）與虛擬世界的差異。為此，必須同時發展半導體與顯示器、HMD、光學技術等硬體技術。所以許多跨國企業紛紛將公司的未來，賭在元宇宙硬體與軟體的共同開發與搶占市場。

門檻低、使用廣的免費開發軟體 —— Unity

　　與元宇宙相關的軟體技術相當廣泛，包括應用於計算、平台、硬體驅動與使用的技術；設計與打造元宇宙空間的技術；生成各類型虛擬替身的技術等。由於技術過於專業，一般人想要接觸、理解與運用，仍有一定的局限。不過想必一般讀者都很好奇，元宇宙平台中提供的 3D 虛擬替身與各種動作，究竟是如何製作出來的。因此接下來會針對元宇宙運用的軟體技術做介紹。

　　目前有一款名為「Unity」的程式，主要在開發遊戲

時，用於打造角色、重現角色的動作。我們所熟知的遊戲中，有 70% 以上都是由 Unity 所開發。動畫片、科幻片也是利用 Unity 製作。身為遊戲或動畫開發人員一定對 Unity 這款遊戲引擎不陌生，不過若一般人也認識 Unity，相信會更容易進入元宇宙的世界。

Unity 是 2004 年 8 月由丹麥公司 Unity Technologies 開發出的遊戲引擎，目前總部已經遷往美國舊金山。Unity 程式主要用於優化低規格、小規模遊戲的開發。回顧 Unity 的升級過程，有助於更深入地認識 Unity。

1. **Unity1**：初期 Unity 只支援 MacOS，後來又新增支援 Windows 與電腦的網頁瀏覽器，稱為 Unity1。

2. **Unity2**：於 2007 年推出，是 Unity 第一個主要升級版本，新增 3D 功能強化與同步作業功能、影音播放功能等 50 多個功能。在 2008 年蘋果發布 App Store 後，也新增支援 iPhone OS（目前的 iOS），讓 Unity 引擎開發的遊戲也能在 App Store 上流通。

3. **Unity 3**：2010 年 9 月推出的版本。除了過去電腦平台和 iPhone OS（iOS），服務也延伸至各種不同類型的平台，例如，Android 等移動式平台、PS3、Xbox360、Wii 等遊戲機。於此同時，隨著全球智慧型

手機的普及，利用 Unity 引擎開發的遊戲正急遽增加。

4. **Unity 4**：2012 年 11 月 13 日推出的版本。這個版本開始支援 DirectX 11，並且新增動畫編輯器。2013年，臉書整合了使用 Unity 引擎的遊戲開發工具，讓 Unity 引擎開發出的遊戲更容易連結臉書。透過社群媒體的串聯，便能向其他使用者推薦遊戲或進入遊戲，達到廣告的功能與效果。

5. **Unity2017**：是 2017 年 7 月 10 日正式推出的版本。從此刻起 Unity 的版本名稱改以年度標示，之後授權政策也出現改變。

6. **Unity2019**：是 2019 年 4 月 15 日正式推出的版本。該版本正式應用輕量級渲染管線（The Lightweight Render Pipeline, LWRP），繼 2018 版本之後，3D 繪圖性能的優化獲得改善。此外也正式應用 Burst 編譯器（Burst Compiler），改善編譯的速度。

儘管還有其他遊戲開發引擎，Unity 的使用者還是占多數，使用者階層分布較廣，再加上入門門檻低，所以初學者不少，尤其對個人開發者來說，Unity 引擎是相當方便的工具。

在 2017 版本之後，Unity 取消永久授權，個人授權也免

費。授權費用根據年銷售額調整：未達 20 萬美元者，每月為 4 萬韓元（約新台幣 1,000 元）；超過 20 萬美元者，收取 14 萬韓元（約新台幣 3,500 元）；年銷售額低於 10 萬美元以下者，可以使用免費授權。

低廉的授權費用，對於推動免費使用各種遊戲引擎影響甚大，即便在遊戲上市後，也不額外收取授權費用。這呼應了「技術開發民主化」的口號，成為遊戲開發的大眾化及獨立或小型開發團隊大量出現的契機。

Unity 所擁有的這些優點，使風險投資企業或小型新創公司的從業者能無後顧之憂地使用。不局限於 3D 的開發，在 2D 功能方面，也持續新增最新功能，因此 2D、3D 都能開發。

此外，與局限於小型、獨立開發的初期不同，Unity 現正進行廣泛多元的開發，從低規格遊戲到需要一定程度開發費的遊戲，像是大型多人線上角色扮演遊戲、戰略、智力、動作等多種類型，Unity 皆積極開發。

Unity 雖然具備許多優點，不過也不是沒有缺點。

Unity 沒有太多可以簡單應用的高級功能。要能運用高級功能，首先需要開發者的嘗試錯誤。Unity 引擎本身的優化尚未完成，部分系統甚至出現啟動問題。當遊戲規模較大、程式邏輯較複雜時，偶爾會出現程式終止的當機情形。

所以規模較大的 3A* 級遊戲大作，一般不太使用 Unity。除此之外，也有原始碼不公開和安全性不足的問題。

不僅是 3D 影像或元宇宙中登場的數位人物，動畫遊戲《ANipang4》（拼圖解密）也是使用 Unity 開發。在開發遊戲時，必須適當調整玩家遊戲過程中的難易度（太簡單會覺得無趣，太困難可能中途放棄或離開遊戲），也要找出執行遊戲時的錯誤，加以解決，然而開發者如果一一修改變數來測試，勢必得花上可觀的時間和精力。這時如果使用 Unity 提供的功能，每次的測試都能縮短到 1 分鐘以內，達到縮短整個開發時間的效果。

Unity 並非只有專業開發者才能使用，由於個人授權免費，遊戲開發初學者或是有興趣開發 3D 遊戲或動畫的人，都可以使用。在 Unity Learn 網站上註冊帳號，就能使用遊戲引擎，開發個人專屬的 3D 影像，並且分享給其他人。對 3D 遊戲或動畫、元宇宙虛擬替身有興趣的話，不妨加入嘗試看看。參與 Unity 開發的人年齡層廣，從成年人到小學生都有。

在電腦或手機上玩的 2D 遊戲，因為單調的呈現，容易玩膩並且感到無趣。然而 3D 遊戲的呈現提高了沉浸感，讓

---

* AAA，讀作 3A，指投入高製作費用與高行銷成本的遊戲。

人宛如置身遊戲現場。元宇宙也是如此，目前網路在 2D 環境下使用，所以平淡且難以讓人提起興趣，而元宇宙一般為 3D 環境，能提供新鮮且令人驚奇的使用體驗。

這些最新的軟體技術，正在開創一個新的世界。

臉書、蘋果、微軟都重金開發硬體產品

臉書曾砸下重金收購 HMD 企業 Oculus，隨後推出 Oculus Quest 2，是目前為止最新、最先進的 All-In-One VR 系統。

想要真正暢遊元宇宙，就必須透過 3D 來觀看與感受虛擬世界。VR 體驗的關鍵硬體 Goggle，在此就扮演相當重要的角色。在過去推出的 Goggle 價格貴、重量重，充電效率也不佳。而臉書提高 Goggle 的解析度，減輕 10％的重量，並將價格壓低至 100 美元，新推出 Oculus Quest 2，在 2020 年 4 月賣出 100 萬台以上。

若將 VR 裝置連上元宇宙虛擬辦公室應用程式 Spatial，當使用者配戴 VR 裝置移動時，畫面中的虛擬替身也會跟著移動，在後疫情時代減少面對面的防疫措施下，VR 的活用，可以拉近人與人之間的連結。

硬體界的競爭相當激烈，除了蘋果正開發利用 AR 技術

的產品，微軟也推出了 AR 及 VR 平台 Mesh，其中還結合了全像投影技術。這是相當驚人的結果，同時也展現了虛擬世界與元宇宙精采可期的未來。

　　想要真正實現元宇宙，必須同時發展各種硬體技術，也需要能蒐集（IoT）與傳送（5G、6G 與雲端）現實生活中累積的大數據，即時連結虛擬世界的技術。而要達到這個目標，還必須為現實世界建模，在虛擬世界中重現，接著輸入現實生活中蒐集而來的數據與經濟條件，利用人工智慧與分析軟體進行模擬。之後解釋分析結果，取得遠見、管理或最佳設計方案的數據，再重新反映到現實世界中。

　　在元宇宙中，軟體、硬體、第四次工業革命技術等，現階段的所有技術，都必須有系統地加以整合及活用。

02 打造虛實良性循環的數位分身

　　奇異公司是最早發想及應用數位分身概念的企業，於 2002 年首度提出。

　　奇異主要的業務是生產飛機引擎，也生產各大工業使用的引擎。目前世界各國經營國際航空的公司眾多，因此全球擁有數百家以上的航空公司，而影響航空公司收益的主要因素，在於旅客的搭乘率與飛機的飛航效率。旅客的搭乘率並非航空公司可以控制的，不過航空公司可以管理飛航效率，減少航空燃油的使用，藉此降低成本。

　　說到奇異的軟體模型，大多會提及數位分身。這個技術是將產品個別零組件和零組件本身的壽命週期等資訊，與數位工具做結合，藉由在數位世界中將真實存在的零組件建模，以用來進行分析與管理。其中使用到的數位技術有：資料湖泊（Data Lake）、模型基礎結構（Model Infrastructure）、視覺化、預測、操縱、管理優化與維護業務等特殊分析技術。

　　數位分身產生的結果，會根據機器模型的感測器將蒐集來的數據自動進行運作與更新。將新興特殊知識與工業應用

（Industrial Applications）結合，企業就能以低廉的價格提升應用效能（Application Performance Management）。

數位分身是指，以軟體完整呈現現實世界中具有實體的物理系統和該系統的功能、動作，藉此連結虛擬與現實兩個世界，使兩者像分身一樣做出相同動作。

自 2013 年開始，德國汽車零件專業製造商博世（Bosch）就投入「物聯網工程」的建構，企圖建置一個連接全球工廠管理總部、各工廠機器及機器操作者的系統，即時進行數據交換與分析、利用。而這項工程中，也將數十年來留下的工程開發日誌紙本資料、各類機械操作日誌，全部放入資料庫中管理。

如今，傳統製造業也需要追求創新，將物聯網、大數據、雲端、平台等技術與製造工程結合，才能生存下來，須找出自身企業獨特的數位分身創新商業模式才行。

圖表 2-1 有一個實際的飛機引擎和數位分身模型。將實際引擎在飛航時產生的數據，輸入數位分身中，便可找出引擎的最佳運轉條件，再即時反饋給實際的飛機引擎，達到優化飛航的效果。航空公司便可藉此分析來減少飛機飛航時的成本。

從圖片可以看出數位技術應用於飛機數位分身的相關性。將實際飛航時產生的大量引擎數據，記錄並傳送至雲端

圖表 2-1　實際飛行引擎與數位分身

後，就能在數位分身模型上運用輸入的數據。具體方法是利用雲端電腦和人工智慧模擬，找出飛航優化數據後，再將數據傳送至現實世界的引擎，以達到優化飛航。

數位分身根據應用程度分為三階段：

1. 視覺化
2. 即時建模
3. 分析、預測及優化

　　視覺化是將現實生活中實際使用的物品，開發為 3D 模型（稱為 CAD）。接著蒐集使用實際物品時產生的數據，輸入數位分身模型，加以操控、分析、模擬，藉此找出最佳的運用條件，再將最佳運用條件應用在實際物品上，為實際物品創造最佳的使用狀態。

　　此外，也有另一類模式，根據數位分身應用的程度高低，將數位分身成熟的過程區分為 5 個階段：

1. **相似性數位分身（Look-alike Digital Twin）**：以 2D 或 3D 為現實世界的外型建模，再以數位的方式呈現現實世界。透過電腦輔助設計（Computer Aided Design, CAD）進行建模。

2. **靜態數位分身（Static Digital Twin）**：主要由人力介入動作，透過即時評估的方式，完成部分自動化操縱。雖然沒有行動或動態模式，不過已經運用到程式邏輯了。

3. **動態數位分身（Dynamic Digital Twin）**：有一個能對應實際對象的模型，藉由改變輸入動態模型的數據來模擬動作，可以重現物體、分析原因，再應用於現實世界。實際對象與數位分身會透過資料鏈（data link）同步動作，達到動作與反應的互動效果，不

過在最終執行階段，仍必須仰賴人力介入。結構分析（Computer Aided Engineering, CAE）、數位工廠（Digital Factory）相當於這個階段。

4. **互動式數位分身（Interactive Digital Twins）**：完成數位身分之間的連結、同步、互動功能，由網域串連數位分身動態模型。在最終執行階段，需要管理員介入確認與決定。

5. **全自動數位分身（Autonomous Digital Twins）**：現實中的實際對象與數位分身，以及許多數位分身之間的即時、自動、整合，都能同步進行，無需人力介入。

數位分身的目的，是為了找出最佳的運作效果。根據實際產品，建置出另一個相同的數位模型，再將使用過程中產生的數據輸入數位分身中進行模擬，再將最佳結果重新應用於現實世界。

數位分身目前廣泛應用於各種產業、企業與政府，相關市場與產業也正快速發展，預計在未來 7 年內，將成長 10 倍以上。

智慧城市是最廣泛應用數位分身的領域，由政府帶頭建設，是應用第四次工業革命技術所規劃的城市。建設目的在於打造銜接資訊及通訊科技（Information and

Communication Technology, ICT）的永續城市，並提高當地居民的生活品質，最大程度增加生活（居住、交通、活動）的便利性。此外，也期望將整座城市打造為擁有單一管理系統的平台，藉以互相分享資訊，共創新的產業與服務。

　　智慧城市正運用於智慧工廠、智慧機場、智慧港口等不同領域，韓國政府稱之為「國土虛擬化技術」。

　　數位分身和元宇宙虛擬生態系（Metaverse-Atom Bit Ecosystem, M-ABE）有著密切的關係。將真實世界與即時監控數據，連接 3D 虛擬世界中的數位分身，透過模擬真實世界的模型，分析、預測及模擬數據，找出優化對策或管理方案，再應用或提供給現實世界。

　　數位分身也與 AR 和 VR 有關。透過 3D 模型的廣泛使用，可以連結至元宇宙。例如，在元宇宙中呈現新建設完成的智慧城市，蒐集人們的活動方式、執行工作的活動或移動路線等數據，加以分析後，得出最佳經營方針，再應用於現實世界。

　　也就是在現實生活中蒐集數據，即時傳送至 3D 虛擬世界進行分析及模擬，再將獲得的觀察結果應用於現實世界。這個過程稱為「物理虛擬良性循環」，是個無限的循環。元宇宙虛擬生態系的組成與運作，有賴各種軟、硬體的配合。

　　隨著產業界引進數位分身的情況逐漸增加，人們對於

這項技術的關注也與日俱增。微軟開發出基於雲端技術的「Azure 數位分身」，並且對外發布；韓國斗山重工業也利用 Azure 數位分身建造風力發電廠。由此可知數位分身技術正廣泛運用於實際製程和生產工廠，用來進行管理與應用。

數位分身可以應用於現實世界中存在的一切（事物、地區、工作、服務等），但所能實現的程度，根據不同的階段而有所差異，未來還有很長的路要走。正如 AI 目前已經廣泛應用於生活周遭，數位分身也逐漸在幾個特定領域運用，被認為是相當實用的技術。微軟之所以推出商業化數位分身工具，就是因為看到數位分身技術的發展性。

製造業是應用數位分身受惠最大的產業之一，將製造過程數位化，不僅使安全性提高，管理與運作費用也可以大幅降低。

斗山重工業在風力發電廠的設計與運作上，運用了微軟的 Azure 數位分身解決方案。風力發電廠建造於海上，人力難以直接維護，因此，為了管理海上風力發電廠，不得不依賴數位分身，將人力無法完成的事情結合數位技術，以提高便利性與效率。

斗山重工業正利用數位分身推動新世代風力發電系統的建置，藉此最大程度地提高能源發電的效率，並降低原有設備的維護費用。數位分身解決方案可以即時將天氣、氣溫、

風向與風速等運作數據，與基於機器學習的模型結合，準確預測發電量。

　　數位分身和元宇宙能以什麼樣的關係連結在一起？ 20年前開發出來的數位分身，是為了應用於政府推動的智慧城市，提高製造相關產業的商品、服務管理與運作的效率，所以和一般大眾的相關性不大。然而隨著元宇宙登場，越來越多人認識並湧入元宇宙，進行社交活動與經濟活動，數位分身也進入了元宇宙的世界中，不再只是應用於某些產業或技術，而是逐漸走入一般人感興趣的領域中。

03 無數企業跨領域搶攻商機

　　面對元宇宙這項新技術的出現，在個人與企業兩者中，
誰是反應最敏銳且最快做出應對的？

　　當一項新技術或服務出現在市面上，所有人不會一窩蜂
使用或購買，圖表 2-2「技術採用生命週期」（Technology
Adoption Life Cycle），最能準確說明這個趨勢。

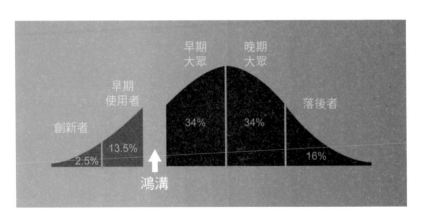

圖表 2-2　技術採用生命週期圖

　　技術導向的產品或服務上市後，會經過技術採用生命週
期劃分的五個階段，即「進入、成長、成熟、停滯、衰退」。

如圖所示，在發現新的技術後，立刻抱持高度興趣使用或接受的一群人，稱為創新者。他們對於市場上從未見過的新技術或新產品，不會有任何懷疑或抗拒，而是帶著強烈的好奇心，比旁人更早發現新技術並體驗新技術。與旁人相比，新技術的發現和體驗是創新者最看重的價值。

在創新者體驗後，經過一段時間的口耳相傳，會逐漸出現早期使用者（Early Adopter），對新技術和產品產生興趣而接觸。

不過一項技術要在市場上存活下去，必須有早期大眾（Early Majority）的出現。

有許多技術還沒有機會接觸早期大眾，便無法跨越鴻溝而銷聲匿跡。無法跨越鴻溝的原因不一而足，例如，無法明確回應創新者或早期使用者提出的反饋或改善要求；沒有推出有效的市場行銷或宣傳，讓早期大眾留下印象；進入既有的市場後，先驅企業的競爭力太強；沒能戰勝市場中的阻礙等。

元宇宙目前處於哪一個階段？元宇宙過去一直停留在早期使用者使用的階段，無法打入早期大眾的群體中，也可能無法跨越鴻溝。但是隨著新冠肺炎疫情爆發，線上往來與居家辦公逐漸成為常態，元宇宙曾短暫地與早期大眾連接在一起。如今，多數企業與個人都已經了解元宇宙的概念與技

術，也正研究如何應用在生活與工作上。如果是從這本書中第一次接觸到元宇宙的讀者或企業，得更積極了解與親近元宇宙才行。

　　近幾個月來，全球無數企業開始運用元宇宙。這不僅僅是某個特定領域的變化，而是牽涉到所有的產業，遊戲業、娛樂業、金融業、網路購物業、製造業、服務業、時尚產業、教育業、旅行業等企業都包含在內。

　　許多企業選擇在元宇宙開會、執行企劃，甚至簽訂契約或協議，並進行各種企業活動。這些企業之所以爭先恐後地湧入元宇宙，就是為了抓住購買力較高的顧客群，其中占據絕對多數的 MZ 世代。

　　MZ 世代身處熟悉數位的環境和時代，特別喜歡追求最新潮流和與眾不同的特殊經驗。這群人進入社會後，對最新潮流的消費能力也相當驚人。而元宇宙深受占多數的 MZ 世代用戶歡迎，因此宣傳效果也較高。

　　企業文化和經營策略偏保守的金融公司，正積極引進元宇宙技術，用以提高業務效率，或改善金融服務開發。像是：跨國金融企業花旗銀行便開發出交易員專用的全像投影機，可進行遠距溝通；匯豐銀行則推出商品介紹與顧客諮詢專用的元宇宙服務。

　　對於韓國企業而言，元宇宙尚處於引進中的初期階段，

不過目前元宇宙涉及的領域相當廣泛，從會議或研討會的運用開始，到開設與元宇宙相連的金融門市，應有盡有。

近來韓國 DGB 金融集團已經結合社群平台 ZEPETO，在元宇宙空間中舉辦主管會議，也正準備開設金融門市；SC 第一銀行則是在元宇宙空間中，針對資產管理客戶舉辦數位資產健檢研討會，引進元宇宙概念，以線上直播的方式進行研討會，這是金融圈史無前例的嘗試。未來將會在元宇宙虛擬空間中搭建研討會空間，由虛擬替身來接待客戶。

韓國 KB 金融控股管理研究所在一份關於元宇宙的報告中，建議 KB 金融集團開設元宇宙數位分店。在這間數位分店中，ZEPETO 廣告代言人防彈少年團將化身員工，為主要使用者 Z 世代植入 KB 金融的品牌形象，可說是強化與未來客戶關係的一種策略。此外，該研究所也計畫成立元宇宙數位研修院，開發利用 VR 設備進行教育的內容，藉此提高員工的顧客經驗。

農協銀行與新韓銀行也正積極「向元宇宙邁進」。韓亞銀行的韓亞金融管理研究所在近期報告中分析：目前金融服務還是將 AR 及 VR 技術連接原有金融服務，以金融導向服務為主流。未來與非金融公司的連結式服務也將逐漸普及。

在元宇宙虛擬經濟平台中，將可與金融商品連結，與流通業攜手合作，實現 O2O（線上與線下整合）金融。連結式

服務有利於進入新的市場與獲得新的客戶，可望為金融業提供新的機會。

樂天建設運用元宇宙平台 SK JUMP，舉行「宣傳大隊成軍儀式」。宣傳大隊由樂天建設 8 位 MZ 世代員工組成，將進行為期一年的企業宣傳與內部員工溝通的強化，以建立年輕光明的企業形象。其中包含每月召開構想會議、製作符合流行趨勢的內容、參與公司內部活動等，肩負起各種不同的功能。

樂天建設的初級董事會也在 Gather Town 舉行定期會議。是由 20 位 20 歲～ 30 歲的員工組成，向數年前時尚企業 GUCCI 推動成功的案例取經，藉由定期會議，與代表理事討論並改善樂天建設的前景和企業文化。

樂天建設藉此將年輕世代的趨勢導入企業文化，並且蒐集 20 歲～ 30 歲員工的意見，反映在整間公司的業務流程上。未來，新進員工招聘說明會也將利用元宇宙平台 Gather Town 進行。

此外，樂天建設在 2021 年 7 月與租屋網「直房」合作，開啟運用元宇宙技術的房地產服務，這是建設業的先例。

跨國時尚企業 GUCCI 是最早利用元宇宙的先驅，為迎接成立 100 周年，在《機器磚塊》中以「GUCCI Garden」的名稱，重現義大利佛羅倫斯的賣場。除此之外，GUCCI

也曾在 ZEPETO 發布六十多款服飾、鞋子與皮包，一時蔚為話題；LV 和 Burberry 也在 VR 中推出自家產品。

這些同時經營實體賣場和線上商店的企業，之所以使用元宇宙平台，就是為了打進 MZ 世代市場，藉由他們偏好與常活動的平台，與他們溝通，吸引 MZ 世代成為未來潛在的客戶。這些企業跳脫過去以年長世代為主要客群的想法，積極與未來具備強大購買力的 MZ 世代溝通、交流，留住公司未來的客戶。

GUCCI 如此積極投入瞄準 MZ 世代，並融合元宇宙平台，是因為在 2013 年與 2014 年，主要購買年齡層逐漸轉為年輕世代。

過去 GUCCI 曾被視為「父母世代喜愛的過氣流行品牌」，得不到 MZ 世代的關注，一度陷入嚴重的財政危機。會遭遇這樣的危機，也是 GUCCI 行銷方針與鎖定客群的誤判，過去靠年長世代就可以獲得可觀的銷售，純利潤相當高，而名牌業者認為年輕人穿戴 GUCCI 有失品牌格調，所以並不歡迎千禧世代。近年來 MZ 世代成為主要購買的年齡層，年長世代的購買力逐漸下降。MZ 世代與父母世代相比，比起持有名牌商品，**更重視體驗，重視個人的個性與價值大於品牌本身的價值**，所以他們拒絕購買昂貴的名牌商品。深感危機的管理團隊，立即分析問題的原因，尋找解決

方案。結果便是推出符合 MZ 世代的設計與商品。

　　因應時代的改變而改革管理方式及設計策略的 GUCCI，在元宇宙時代來臨的時刻，發現元宇宙的主要使用者為 MZ 世代，立即接軌元宇宙，在 ZEPETO 打造 GUCCI Villa，與年輕的使用者進行溝通。

　　當然，在 ZEPETO 上販售的商品並非實體，而是提供虛擬替身使用的數位時尚商品。不過當使用者熟悉 GUCCI 品牌和虛擬替身的搭配後，自然會在實體商店中購買商品，這點是 GUCCI 擴張元宇宙世界的因素。

　　在元宇宙的世界中，可以輕易購買到平時因為價格昂貴而無法下手的名牌商品，因此深受年輕世代的歡迎。在 MZ 世代之間，甚至出現「在 ZEPETO 炫富 GUCCI」的流行語。這在吸引關注名牌商品的 Z 世代上，發揮了顯著的效果。在 ZEPETO 的使用者中，十多歲的 Z 世代占了 80％的比例。打扮和自己相像的虛擬替身，不僅是一種遊戲，也是流行。

　　Z 世代將 ZEPETO 視為表達個人個性的工具，就像使用社群媒體一樣。現實世界動輒數百萬韓元的名牌商品，在 ZEPETO 只要 3,000 韓元（約新台幣 75 元）就能買到，吸引他們紛紛湧向 ZEPETO。為了滿足 Z 世代的需求，時尚、名牌商品、化妝品等相關企業紛紛進駐 ZEPETO。時尚企業

LVMH 集團旗下的 Dior，就先向 ZEPETO 拋出橄欖枝，推出 9 款化妝套組。

韓國斗山熊棒球隊和 NAVER Z 控股合作，在 ZEPETO 開設 VR 地圖，創下韓國國內職棒球隊的首例。這個地圖包含粉絲們平常好奇的更衣室、室內練習場、球員休息區、球場入口等區域，提供粉絲間接體驗的機會。粉絲們還可以穿上販售的制服，和吉祥物鐵熊合照。

親眼見證元宇宙平台以 MZ 世代為目標的市場行銷效果，物流業也積極投入元宇宙行銷。韓國賓格瑞公司在「ifland」舉辦網路派對，贏得 MZ 世代的熱烈迴響。獨特的市場行銷活動獲得年輕消費者的好評，這等於是一種貝他測試（產品發布前的測試活動），在產品推出前先行宣傳，分析消費者的反應後，再正式推出。

對於沒沒無聞的新創公司而言，元宇宙是絕佳的宣傳工具。咖啡訂購服務新創公司 Turtle Crew 的 Cafe.box，便運用元宇宙平台「Gather Town」，舉辦第一屆咖啡博覽會。參觀這場博覽會的，並不是對咖啡有興趣的人，反而是對元宇宙有興趣的人。一半以上的參加者，都是聽聞 Cafe.box 進駐元宇宙的消息而來。拜元宇宙之賜，名不見經傳的品牌和公司成功獲得宣傳的效果，同時也有運用多種平台的好處，與消費者直接並多元地溝通互動。

　　韓亞銀行在數位體驗總部內新成立「數位創新 TFT」團隊，正式進軍元宇宙生態系。這個團隊積極推動各項嘗試，例如：與原創技術持有公司的商業合作、投資方向檢討；針對私人銀行（Private Banking）客戶的研討會、投資說明及諮詢服務；建構與 MZ 世代客戶溝通的體驗空間（Culture Bank、Club1、HANA Dream Town 等）；運用擴增及 VR 技術的業務支援（My Branch、CRM 連結）等。

　　數位創新 TFT 為提高員工對元宇宙的關注與了解，最早利用元宇宙平台進行內部活動。在數位體驗總部的組長會議上，各組組長連上元宇宙平台 ifland，透過自己的虛擬替身自由分享各自準備的資料。為提高員工業務能力而推動的週末自主線上學習課程，也轉換為透過元宇宙進行的方式。

　　另外也有考量到熟悉數位活動的 MZ 世代員工的特性，特別實施的元宇宙研習。設計者將有趣的元素融入教育內容中，提高課程的沉浸感，透過虛擬替身，員工就能就像玩遊戲一樣學習。未來元宇宙的應用範圍，也將擴大至教育方面，例如，知識論壇、領袖課程等研習活動。

　　韓亞銀行對元宇宙的使用，已經超越了目前金融圈既有的運用方式（單純開設虛擬銀行門市或建置會議空間），在對相關產業的充分認識下，規劃出中長期的目標，並且按部就班在各個階段推動元宇宙深化運用的計畫。

　　LG CNS[*]也在 Gather Town 開設「LG CNS Town」擁有表演空間、研討室、休息室。在這個 Town 中，24 小時都能進行 AI、物流、安保等各種服務；表演空間內，可以一邊欣賞影片，一邊了解各個產業的數位轉型案例；研討室則是會議廳的形式，客戶可以透過虛擬替身參加，以視訊面談的方式進行溝通；休息室則是提供空間進行人際交流與舉辦活動，也可以進入 Book Café 中，申辦數位轉型諮詢空間與新聞媒體等服務。

---

* LG 集團旗下子公司，負責軟體諮詢、系統整合、資訊業務流程外包等服務。

第 3 章

搶先布局元宇宙的
黑馬企業

01 超過兩億人的遊樂場——ZEPETO

ZEPETO 曾與迪士尼皮克斯合作開發一款射擊遊戲，是以電影《玩具總動員4》（*Toy Story 4*）官方地圖進行遊戲，獲得高分的玩家還能得到玩具總動員主題服裝，趣味性十足。

ZEPETO 由 NAVER 子公司「NAVER Z」所經營，提供一般玩家「創建遊戲」的功能。使用者不只能玩平台提供的遊戲，還能親自設計遊戲上傳，和朋友們一起享受遊戲的樂趣，甚至從中創造收益。

ZEPETO 除了提供虛擬替身活動的虛擬空間「地圖」，也提供可以製造衣服等各種配件的創作支援平台「ZEPETO build it」功能，還可以在「ZEPETO Studio」中創建遊戲。

在 2018 年推出後，立即吸引全球超過 2 億的使用者，主打虛擬替身能在各種主題的虛擬空間中見面、溝通。如今，ZEPETO 大幅強化使用者參與的服務，建置一個讓使用者也能上傳作品、賺錢的經濟生態系。已超越單純藉由虛擬替身玩遊戲的程度，目標轉型為任何使用者都能實際創造收

益的平台。是一種長期布局的策略，目的讓更多使用者加入
ZEPETO 平台，不轉向其他競爭對手。

　　ZEPETO 擁有兩萬個以上的地圖，大致可分為兩類，分
別是由 NAVER Z 開發的官方地圖和由 ZEPETO 使用者創建
的地圖。

　　目前只有官方地圖內建跳躍、射擊、逃脫、騎行、冒險
等遊戲元素，不過一般使用者也可以將這些遊戲功能放入自
創的地圖中。在一般使用者創建的地圖中，虛擬替身能進行
的「遊戲動作」僅限在眾人圍坐的「咖啡廳」、「派對」、
拍照「打卡點」、「表演」。

　　ZEPETO 有「送禮」功能，可以透過 ZEPETO 官方管理
人贈送，在與其他使用者建立朋友關係後，也可以贈送給朋
友。透過「送禮」功能得到的禮物，能用來打扮虛擬替身，
相當有趣。這種特有的方式和功能，可以讓使用者繼續留在
ZEPETO，達到鎖定（lock-in）效果[*]。

---

[*]　一種路徑依賴的現象，即習慣既有的方法與模式。

02 改變工作型態的元宇宙辦公室 —— Gather Town

　　目前為止，常見居家辦公方式，多是在家中或安靜的空間內獨自工作，若需要團隊合作或召開業務會議時，再於約定的時間連上 Zoom 或 Microsoft Teams，在線上見面。由於是以視訊進行，在需要露臉的情況下，髮型和化妝就需要花點心思打理，還必須換上正式的服裝。而在疫情影響下，學童也必須在家遠距上課，所以父母居家辦公時，有時孩子還會出聲呼喊或妨礙辦公。

　　站在上司的立場，臨時需要聯絡員工或和員工對話時，必須打電話或無預警召開 Zoom 會議，對員工來說也是不小的壓力。此外，在沒有視訊會議或線上團隊合作的其餘時間，獨自辦公也可能產生孤立感，甚至使員工擔心上司沒有看見自己工作的情形，會誤以為自己在偷懶，影響到業務表現的分數。然而元宇宙的出現就像魔法棒，瞬間解決一切問題，所以許多企業和組織開始運用元宇宙。

　　隨著元宇宙時代的到來，各家企業的業務與競爭將在虛擬空間中進行。新冠肺炎的爆發，導致線下活動受到許多限

制，於是許多企業和學校試圖透過元宇宙尋找解答。例如：
韓國建國大學在虛擬空間中舉行校慶；順天鄉大學舉行新生
入學典禮；NAVER 舉行新進員工辦公室巡禮；知名紅底鞋
品牌 Christian Louboutin 舉辦時裝秀。

**這種變化不僅限於金融圈或新創公司等領域，而是鋪
天蓋地發生在各個產業和領域。**KB 國民銀行利用元宇宙平
台 Gather Town 開設「KB 金融城」；友利銀行運用元宇宙平
台舉辦各種活動，促進員工之間的水平溝通；現代汽車舉辦
Sonata 車款線上試乘會。

繼 2D 虛擬辦公室 Gather Town 之後，近來不動產仲
介平台「直房」的員工又打造了韓國首座元宇宙辦公室
「Metapolis」，在虛擬空間中進行業務與團隊合作。這些員
工前往虛擬空間中的 30 層樓辦公室上班，由虛擬替身代替
自己坐在辦工桌前工作，或移動到會議室參與合作會議。也
可以在休息室和其他人見面聊天，度過短暫的休息時間。

元宇宙平台根據使用方法和目的大致區分為四類：

1. 如 ZEPETO、《機器磚塊》、《當個創世神》、ifland
   等 3D 移動式平台，用於遊戲、人際交流、經濟活動
   （營利事業）。

2. 像 Gather Town 一樣，在網路瀏覽器中建構 2D 線上虛

擬世界，進行會議、典禮、教育、業務、合作等活動。

3. 像 Spatial 或 Glue 一樣，在網路瀏覽器上中打造 3D 線上虛擬世界，進行會議、典禮、教育、業務、合作等活動。

4. 配戴 HMD Goggle 或可穿戴式眼鏡進入虛擬世界，進行遊戲或辦公。

前三種只能透過行動裝置或電腦使用，第四種則需要 HMD 或眼鏡。Spatial 或 Glue 既可以在電腦畫面上使用，也可以配合 HMD 裝置使用，像科幻電影中看到的一樣，能在 3D 辦公空間中同時展開多個畫面、視窗或文件，提高辦公效率。

只要有行動裝置，進行遊戲或娛樂便沒有太大問題或阻礙。但是若要進行會議、教育、典禮、團隊合作等活動，需要搭配滑鼠與鍵盤進行作業，單憑行動裝置有一定局限，還是得使用電腦才能提高便利性與作業效率。

沁涼的海風伴隨著陣陣傳來的海浪聲，岸邊的空中別墅內，數十名男女群聚享用啤酒炸雞，享受夜晚的「屋頂派對」（Rooftop Party）。雖然還在疫情期間，卻沒有一個人戴上口罩，因為這不是一場實體派對，而是辦在元宇宙虛擬空間中的活動。員工們在各自家中，透過線上視訊畫面和取

代自己的虛擬替身，在同一個空間內歡度時光。

　　一些公司透過元宇宙進行員工工作會議。利用 Gather Town，全國各地居家辦公的員工們都可以參加工作會議。元宇宙平台不受空間的限制，有些員工甚至回到久違的鄉下老家，在家中參與會議。

　　線上工作會議和過去面對面的會議流程沒有不同，從總部上半年決算會議和下半年業務策略建立開始，再到各部門會議、團體活動、晚餐聚餐。與會者可以自由進出虛擬空間，移動到休息室休息，也可以到戶外運動場閒逛，享受個人的時間。

　　若要舉辦線上聚餐，則是配合晚餐時間，在虛擬空間中的屋頂上進行三、四小時的活動。公司會提供購物禮券，讓參加者事先在家中備妥啤酒和炸雞等食物。員工們配合著畫面，一起享用各自準備的食物和飲料，暢快聊天。

　　利用 Gather Town，就能進行這樣的聚會或活動。Gather Town 是能進行會議、教育、學術會議、典禮、人際交流等活動的線上 VR 平台。在虛擬空間內，可以看見取代使用者的虛擬替身，能在不同的空間內自由移動，也能與其他虛擬替身見面聊天或合作。

　　創建聚會或團隊合作空間也相當容易，只要在平台提供的清單和選項上選擇即可，根據參加者的人數規模選擇空

間，從 2 ～ 100 人，都能在平台提供的 4 種類型中擇一使用。在移動時，當虛擬替身之間的距離縮短時，視訊模式會自動啟動，出現對方的臉和聲音，可以兩個人私下對話，也可以向所有參加者發表。

「相較於過去線上視訊會議的 Zoom 或 Microsoft Teams，運用元宇宙更能提高參加者的參與和投入程度。」

隨著疫情持續擴散，過去實體進行的各種聚會與活動，正快速轉換為元宇宙中的活動。

Gather Town 是 2020 年 5 月由一位名叫菲利浦（Phillip Wang）的年輕人所開發，是一間創立不到兩年的新創公司，從全球知名的創投公司紅杉資本（Sequoia Capital）獲得 2,600 萬美元的挹注。

菲利浦在開發出 Gather Town 之前，曾開發出一款名為「Online Town」的舊版本。他在卡內基梅隆大學（Carnegie Mellon University）主修計算機科學，且在校成績優異，可謂一名學霸。

Gather Town 是運用元宇宙的線上辦公解決方案，免費使用者最多可以進行 25 人的聚會。運用網路瀏覽器即可進

入，無需額外安裝程式。另外，在 Chrome 瀏覽器中可驅動專業版本。

　　Gather Town 受電腦的硬體規格（CPU 速度、記憶體大小等）、Chrome 瀏覽器的速度、同時上線人數、活動內容等影響，使用上可能有不順暢的情形。

　　想要有效活用 Gather Town，必須真正了解 Gather Town 提供的功能和工具，以及這些功能和工具是如何被設計、開發出來。唯有如此，才能更順暢地使用，並且設計出符合個人或組織需要的空間（地圖）。

　　Gather Town 將空間區分為 6 大類，提供 79 種模板，足夠初學者選擇套用，深入使用後，可能會需要根據個人目的設計專屬空間。空間的結構和布局，可以完全依照公司辦公室的實際配置來設計。

　　想要完成親自設計空間的目標，必須先了解 Gather Town 中空間、地圖（統稱 Space）、傳送門（Portal）、物件（Object）、磁磚（Tile）、牆壁（Wall）、地板（Floor）等工具用途。

　　空間是人們聚集活動的地方。依據目的與用途的不同，可以設計成各種結構與布局，而形成地圖。空間由至少一個以上的地圖構成。

　　假設在 Gather Town 中打造名為「元宇宙城」的空間，一

樓有寬敞辦公室，包含有個人辦公桌的辦公空間、多間會議室、更衣室和休息室、進行員工教育的教育室；二樓屋頂有舉辦派對或聚餐等活動的空間；一樓辦公室正門的反方向，是通往海邊的後門。那麼這座元宇宙城就是由辦公室、屋頂、海邊三大區域組成，各自需要有獨立的地圖，所以必須開發三張地圖。

但是如果將三張地圖全部放在同一個電腦畫面上，地圖會顯得較小，使用者會難以區分工具和位置。因此可以分別設計地圖，再顯示於電腦畫面上，形成多層結構，也就是屋頂、辦公室、海邊分別設計一層地圖，當不需要用到屋頂或海邊的空間時，只要使用單層地圖的辦公室即可。

如果是由多層地圖組成的空間，就必須要有連接不同空間的傳送門，功能類似任意門，使虛擬替身能自由移動。

假設使用者位於辦公室層，畫面上只會顯示辦公室，看不見屋頂或海邊。若要前往屋頂，必須移動至與屋頂層相連的傳送門；要進入海邊，也必須移動至與海邊層相連的傳送門。當虛擬替身經由傳送門移動至海邊層後，畫面上就會出現海邊，在畫面中的各個角落移動，也都是在海邊層內。想要從海邊重新回到辦公室，必須移動至連接海邊和辦公室的傳送門進入辦公室。

通往各層的傳送門，分別設置於每張地圖上。地圖上以

物件（書桌、椅子、花盆等）、地板、牆壁等元素，便能區分辦公室、會議室、休息室等空間。

每個空間四面都有牆壁，增加鎖定功能，避免虛擬替身通過牆壁，也有設置進出的房門，虛擬替身通過房門進出該空間。使用者應先了解這些概念與構造，才能在設計地圖時有效的分配空間與布局。

地圖方格內有代表自己的虛擬替身，鍵盤的上下左右鍵，即可移動虛擬替身。也可以用滑鼠控制，只要按下想去的位置，虛擬替身會自動移動到該處。

Gather Town 的特色在於，位於相同空間內的人們，當彼此互相靠近到一定距離（以地圖背景的三塊磁磚為基準）時，鏡頭和喇叭將自動開啟，即可看見對方的臉，聽見對方的聲音。這種運作模式，模擬在實體辦公室內走動，當靠近某人時，就能和對方面對面聊天。當聊完天後移動至其他地方，遠離剛才對話的人，鏡頭和喇叭將自動關閉。當然，如果有五個人靠近自己時，這五個人的鏡頭和喇叭都會自動開啟。

韓國利用 Gather Town 進行各種活動、研習、顧客支援等服務的企業，正快速增加。LG 化學和 LG 顯示器已經運用元宇宙 Gather Town 進行過新進社員研習；零組件、材料業者 LG Innotek 也曾舉辦招聘說明會。四百多位求職者和二十多位 LG Innotek 人事負責人移動各自的虛擬替身，透過視

訊會議進行面試，就像在真實空間中面對面對話一樣。

韓國銀行界對元宇宙的反應最為積極。不論是如新韓銀行、韓亞銀行、友利銀行、BNK 金融、DGB 金融等的主要商業銀行，還是地方金融控股公司，全都在 ZEPETO 平台上推動元宇宙服務。韓亞銀行在 ZEPETO 重現仁川青羅研修院的結構與外觀，打造一座國際教育園區，銀行行長直接以虛擬替身現身，與員工進行溝通；友利銀行行長也在 ZEPETO 中以虛擬替身出席，與員工會面。

然而 KB 國民銀行並未選擇 ZEPETO，而是在 Gather Town 中開設虛擬營業處，迎接客戶。之所以選擇 Gather Town，是因為 Gather Town 以「視訊會議」服務為主，能提供更便利的團隊合作。而其他平台沒有視訊功能，只能以聲音對話，尤其 ZEPETO 只能在行動裝置上使用，畫面大小有限，也無法進行業務處理或文書作業，激發團隊構思的效果也受到局限，對提高生產率效果有限。

Gather Town 的特點在於能開啟視訊，可以看著對方的臉進行即時對話。想要和其他人對話時，只要直接移動虛擬替身到特定對象附近，就能自動開啟鏡頭對話。結束對話後，再將虛擬替身移動到其他地方，鏡頭會自動關閉。

這種功能最適合應用於銀行門市業務，當顧客走到櫃檯的行員面前時，顧客與行員即可自動面對面諮詢。介紹特定

商品或提供諮詢時，需要與顧客面對面進行，透過 Gather
Town，實現了線下銀行營業的方式。

　　Gather Town 可以布置辦公室，在辦公室內掛上白板，
即可即時分享所有參與者留下的文字或圖像；移動虛擬替身
站到投影螢幕前，還可以一邊分享會議資料或影像，一邊進
行發表。

　　Gather Town 可以串聯使用外部各種線上協作工具。開
通線上協作工具 Padlet，即可在 Gather Town 的畫面上啟動
Padlet 並分享。

　　Gather Town 不必額外安裝應用程式，透過網站便能直
接進入元宇宙，相當便利。憑藉獨有的功能和優勢，KB 國
民銀行的客戶進入 Gather Town 後，可以進行視訊通話，效
果就像真的在銀行和行員面對面，也可以透過文件和影片輔
助聽取重要的說明，彷彿行員就在面前介紹一樣。

　　銀行界測試了各種元宇宙平台，藉此評估如何運用元宇
宙，提出策略性的運用方案。

　　KB 國民銀行看中團隊內部合作的便利性和支援視訊會
議的優點，因此選擇 Gather Town 平台，積極推動元宇宙計
畫。未來經過多方嘗試，累積豐富的經驗與訣竅後，相信將
可獨立開發出針對行員與客戶的元宇宙平台。正如網際網路
問世時，曾掀起一波建置網頁的熱潮一樣，建置元宇宙平台

的熱潮也將如火如荼展開。

　　現在使用元宇宙辦公室為趨勢，教育廳和學校也都在 Gather Town 中進行新進教師研習；不動產新創公司直房也經營元宇宙辦公室。

　　由於新冠肺炎的擴散，多數新創公司也比一般企業更快在元宇宙中打造辦公與聚會空間。企業價值超過 1 兆韓元（約新台幣 250 億），在不動產業界獨大的直房，將原有超過 270 位員工辦公的江南總部轉入元宇宙。自 2021 年 2 月起，全面停止實體上班，開始進行元宇宙遠距辦公。直房所使用的元宇宙辦公室，正是與樂天建設共同開發的元宇宙空間「Metapolis」。

　　Metapolis 是仿照實體辦公室，利用數位分身建構的虛擬辦公空間。在這棟有 30 層樓的建築物內，直房的辦公室正位於 4 樓。員工的上班方式，就是登入各自的虛擬替身，操縱鍵盤的方向鍵，經過大廳，搭乘電梯到自己上班的樓層，像實體辦公一樣坐在自己的位置上辦公。若靠近其他員工或對上眼時，將自動開始視訊連線。

　　隨著這套利用 Metapolis 進行遠距辦公的系統逐漸成熟，遠在外地或國外的員工，也可以進行線上辦公。事實上，由於網路的便利及元宇宙的發展，最近也出現了長住濟州島一個月邊工作的員工，或是回老家工作的人。

　　剛開始決定引進遠距辦公制度時，直房的主管們遭遇不少困難，不過從結果來看，生產率和業務效率都有大幅提升。此外，Metapolis 也打中了 MZ 世代重視自律和自由溝通的心，據說渴望進入直房的年輕求職者正逐漸增加。

　　目前，許多新創公司正利用元宇宙參加線上聚會，原因在於「空間」與「生產率」。**元宇宙辦公不僅繼承了過去線上辦公方式的優點，也增強了空間沉浸感**，因此可以達到提高業務生產率的效果。如果能再強化與過去線上協作工具的連結性與兼容性，將可更靈活運用。

03 讓虛擬辦公室真假難分 —— Spatial 與 Glue

　　面對面進行會議或團隊合作，優點在於所有人處於相同的空間內，可以與對方即時溝通，碰撞出有建設性的想法或點子，進而得出更有創意的決論或解決方案。然而疫情使線上遠距和居家辦公成為常態，所有業務與團隊合作都必須改以線上進行。在此情況下，出現得最快也最強勁的應用程式，正是 Zoom 和微軟的 Microsoft Teams，這些程式雖然可以在畫面上看見對方的臉，卻無法給人身處同一空間內，彼此溝通、互動、合作的感覺。因此，難免有沉浸感不足、業務生產率等比下降的問題。

　　此時，元宇宙作為替代方案登場，最大的優點和差異性，在於代表參加者的虛擬替身。與過去我們所熟知的虛擬替身不同，可以根據使用者的想法移動至想去的場所或地點，在移動途中靠近或遇到其他虛擬替身時，也可以像實際生活般打招呼或聊天。元宇宙的內部地圖，也會顯示誰已經進來、誰待在什麼地方。虛擬替身的移動不受限制，可以穿過辦公室走廊，沿著會議室右轉，前往走廊盡頭的休息室，或是移動到特

定員工所在的地方。和實際在辦公室的行為一樣。

　　目前想要創建元宇宙辦公室來使用，大多是從元宇宙辦公室解決方案業者所提供的設計與布局中選擇，多少受到限制。因為和使用者實際使用的辦公室結構或布局有所出入，導致沉浸感較弱。但近來也有越來越多企業利用數位分身的方式，在元宇宙打造出與實體辦公室相同的虛擬辦公室。

　　由於大眾所熟知的 ZEPETO《機器磚塊》、《要塞英雄》、ifland 等元宇宙企業，都是和遊戲及娛樂有關的領域，使得元宇宙經常被誤會為是一種遊戲或娛樂的工具。到目前為止，由於尚處於發展元宇宙的初期階段，因此多由遊戲和娛樂等 B2C 商業主導，不過未來以企業或組織為對象的 B2B 商業將會快速發展並擴散。

　　下面將深入介紹能提高線上作業與協作生產率的元宇宙辦公室解決方案 —— Spatial 和 Glue。

讓遠距協作彷彿零距離

　　Spatial 是運用 VR、AR 和 HoloLens 的元宇宙遠距協作平台，可以在數位世界中實現面對面溝通行為的 3D 虛擬空間。將使用者的臉部繪圖形成虛擬替身，並且創建第二個工

作環境，就能像在現實空間一樣移動、溝通和開會。

　　Spatial 韓籍共同創辦人兼首席產品長李鎮河，正引領元宇宙協作解決方案的開發。該公司提供基於虛擬替身的使用者體驗，讓使用者可以在白板上留言、投放視聽資料或視窗、與其他使用者進行溝通。Spatial 提供的使用者介面，在虛擬空間中也可以真實呈現線下共同產出的智慧結晶。

　　Spatial 是結合各種最新技術並加以升級的協作工具平台，就像科幻電影《關鍵報告》的主角在螢幕上呈現的工作方式一樣。

　　SpaceTop 這款電腦最初的構想，是為了實現在實體處理虛擬螢幕中的資訊，創造沉浸式體驗，藉此獲得富有創意的成果。使用者只要將手放進鍵盤所在的空間，就能直接進行作業。這種作業方式結合了感應手指及臉部的相機感測器與透明顯示器。即使沒有滑鼠或鍵盤，也可以徒手控制電腦繪圖。當建築師繪圖時，可以移動或旋轉 3D 模型，方便行事（見圖表 3-1）。

　　在 2018 年底的某天，Spatial 要錄取的設計師住在矽谷，無法親自來到紐約面談。恰巧當時 Spatial 正進行 AR 的實驗，偶然將彼此的會議室牆壁設為虛擬情境，並設計一個代表彼此的虛擬替身進行對話，想不到物理上的距離感竟大幅降低。這便是 Spatial 的開發背景。

圖表 3-1　SpaceTop 的構想

　　這次的體驗激發了開發 Spatial 的初期構想。和位於其他地區的員工齊聚一堂進行會議或團隊合作，通常在交通上需要支付高額的出差費用。不過如果有 Spatial 這類遠距協作程式，就能減少支出與交通時間。在這個基礎上加入 AR 技術，提高使用者的沉浸感。

　　目前單憑文字、影片或聲音進行團隊合作，在溝通上仍有一定局限。雖然可以使用 Zoom 這類會議程式，透過視訊通話看見彼此的臉、分享螢幕畫面，不過難以驗證對方的專注度，也有必須聽從和遵循會議主持人計畫的方向推進的缺點，超過一定時間就容易分心。如果所有人都能待在相同的

空間內，看著彼此的眼神和表情搭配肢體語言，必定能達到更有效的團隊合作和遠距作業。

　　一般來說跨國企業因出差每年需支付鉅額費用，同時也影響了二氧化碳的排放量，若能跳脫空間的限制，除了可以節省支出，在員工的任用上，不論距離、國籍或膚色，所有人都能獲得公平的機會，進入跨國企業。

　　Spatial 的主要目標在提供線上虛擬協作解決方案的服務，未來計畫擴展至應用數位分身的元宇宙辦公平台。屆時 Gather Town 或 ALIKE 將成為 Spatial 最強勁的對手。

　　Spatial 可以在 App 上註冊使用，即使沒有 VR 專用的 HMD，也能在螢幕畫面上使用，只要有欲歌、蘋果、微軟帳號，就能直接登入使用。

Spatial 提供的功能：
① 腦力激盪
② 簡報
③ 雲端作業
④ 協作鍵盤
⑤ 深度學習
⑥ 產品預覽
⑦ 無須頭戴式顯示器即可加入的會議

　　前 6 項功能都需要配戴 HMD，不過即使沒有 HMD，只用電腦相機也可以加入。

　　Spatial 也提供行動裝置專用的 App，即使移動中也可以加入團隊合作，提高使用者的可及性與便利性。儘管行動裝置難以執行業務，不過在無法使用電腦的情況下，也可以透過行動裝置分享畫面，與其他人交換構想和意見，進行遠距視訊會議。

　　最早出現在《潰雪》小說中的元宇宙，描寫的是戴上 HMD，進入虛擬世界中，過著與現實截然不同的生活；在電影《駭客任務》中，利用後腦的連接孔接上電線，就能進入虛擬世界。

　　目前為止，大多數元宇宙需要配合使用 HMD，而市面上運用 HMD 的服務都是遊戲，所以元宇宙常被認為是遊戲。不使用 VR 的元宇宙遊戲，例如《要塞英雄》、《機器磚塊》等，都深受歡迎。還有像《第二人生》（*Second Life*）一樣，結合社交和任務的遊戲。

　　在遊戲占元宇宙市場多數的情況下，Spatial 這套虛擬協作工具正式登場。由 AR 服務起家，目前則以 Oculus Quest 2 為發展主力。

　　Spatial 是設計用於製作虛擬替身，讓虛擬替身獨立作業或面對面團隊合作、參加會議或討論。韓國臉書曾利用

Spatial 舉辦記者會,在逼真的大會議室內,參與者透過語音自由發言、提問。

Spatial 唯一的缺點,在於不配戴 VR 或 AR 設備,使用者就無法盡情享受 Spatial。目前已提供行動裝置 App 服務,利用個人電腦就能執行畫面分享和 3D 模型生成等功能。

在 Spatial 中,使用 App 或 map、VR 版本基本免費。隨著服務免費開放,以各種出乎意料的方式使用 Spatial 的用戶開始增加。開放免費使用後,除了業務協作,人們也開始將 Spatial 用於教育、遊戲、虛擬藝術品展覽等方面。使用者還能欣賞創作者設計的數位藝術品或建築空間等 3D 內容。

讓遠距會議跟實體會議一樣真實

某些團隊追求遠距會議如同實體會議般真實,Glue 的出現正是針對這些需求開發的最新協作平台。可以遠距召集團隊,進行學習、分享、企劃及作業。結合最強大的沉浸式 3D 電腦繪圖 VR 及雲端作業技術,可支援團隊合作達到最好的效果。

在沉浸式虛擬空間內,使用者可以齊聚一堂工作,就像實際面對面一樣。仿照真人的 3D 虛擬替身會反映使用者

的動作和姿勢，提供語言與非語言的溝通。使用空間音效
（Spatial Audio），即可知道附近的人在哪裡。

　　Glue 總部位於芬蘭，以 2004 年在動畫類獲獎無數的
VR 及遊戲工作室起家。於 2016 年開始官方服務。為多用戶
VR 軟體開啟新篇章的 Glue，今日已發展為具備完整功能的
虛擬協作平台。

　　Glue 和美國的 Spatial 並稱 3D 虛擬世界協作解決方案
的雙雄。

04 寓教於樂的虛擬科學實驗室 —— Labster

科學實驗必須親自在實驗室中操作各種實驗工具和試劑進行。但是在無法實際操作實驗的情況下，就只能透過書本來理解，再加上購置實驗器材或進行實驗的開銷不小，必然導致科學領域學習效果低落。而虛擬實驗室的誕生，為受限於現實的情況帶來轉機。

VR 不只適用於遊戲，科學實驗也可以在虛擬世界中進行，不僅減輕了器材費用的負擔，也能預防使用化學物質可能發生的意外。學生們可以安心操作和體驗各式各樣的實驗，提高學習效果。

在現實世界進行生物實驗時，想要立體呈現或觀察實驗現象，有一定的困難，不過在虛擬世界中一切都能成真。

丹麥虛擬實驗平台「Labster」，於 2012 年由丹麥的教育科技企業成立。曾喊出「讓 MIT 研究室走入所有人的電腦」的口號，致力於支援虛擬科學實驗，讓危險又所費不貲的科學實驗也能虛擬體驗。目前已開發出韓語版本的實驗模擬系統。

Labster 的虛擬實驗可作為實際科學實驗室的輔助。

在網頁和 VR 兩種平台上，提供生物、化學、醫學、地球科學、機械、工程等不同科學領域超過百種的實驗，可以使用在平台上超過五千個實驗工具。全世界沒有任何一間實驗室擁有如此大量的實驗器材。

由於是在虛擬世界中進行，所以除了單純使用實驗工具外，還能進入機械內部，了解機械如何運作，學習效果絕佳。目前麻省理工學院、史丹佛、哈佛等全球四百多家教育機構，也都使用 Labster 的實驗平台。

根據《自然》（*Nature*）雜誌報導，利用 Labster 進行虛擬實驗時，可發揮 76％的學習效果，而接受傳統教育課程時，學習效果只有 50％。如果傳統教育與 Labster 並行，學習效果會更好。基於這樣的學習效果，丹麥從國中八年級開始配合使用 Labster 平台到高中為止；在亞洲國家，新加坡、香港、日本、韓國也有提供服務。

一份問卷調查顯示，95％的學生認為這項服務非常好，90％以上的教師表示滿意。Labster 不僅可以提高學生的理解程度，也可以作為教師們教學時的絕佳教育素材。

目前 Labster 正計畫開發一套能讓多名實驗者在同一個平台上成為合作夥伴，彼此相互協助的系統。融合元宇宙的概念，加入實驗的使用者將可藉由代替自己的虛擬替身，進

行合作實驗。

　　運用 Labster，科學實驗也能像 VR 遊戲一樣寓教於樂。

05 打造鏡像世界的技術──
NAVER Labs Alike

　　在韓國位居元宇宙龍頭地位的 NAVER，現正提供 AR
虛擬替身服務 ZEPETO，以 B2C 模式為主，目前會員數已
超過兩億。結合 AR 與 VR 創造的數位世界，有別於過去運
用的 AR 或 VR。

　　鏡像世界是構成元宇宙的要素，也就是複製現實世界而
打造的虛擬世界。20 年前開始使用的數位分身，也是在虛
擬世界中複製現實世界。而數位分身與鏡像世界不同的地
方，在於虛擬世界即時連結現實世界產生的大數據，將模擬
過程得到的數據和觀察，應用到現實世界上，提高運作和管
理的效率。數位分身，便是將實際世界複製到數位環境中
的技術。好比在元宇宙空間中建造一間與實體一模一樣的工
廠，先在虛擬工廠中嘗試設計新產品，檢視製造流程等，藉
此提高實際生產的效率。

　　這兩者都是將現實世界複製到虛擬世界的技術，包含了
地圖、建築物、道路、橋梁等一切實物。「無所不在」世界
的工程領域中，便廣泛應用數位身分技術。

NAVER 開發作為數位分身解決方案的「ALIKE」，是針對元宇宙商務所開發的新形態商業模式，而非工程領域。NAVER Labs 憑藉自身技術推出的 ALIKE，是像鏡子一樣將現實世界的模樣複製到虛擬世界中的技術，一舉擴張了元宇宙生態系。

NAVER 一直以來都提供將現實世界道路與地圖數位化的 App，其中也包含了 3D 街景服務。

能夠快速且有效製作大規模城市單位的數位分身數據的技術，是提高客戶價值的差異化技術，NAVER 為此開發並推出 ALIKE 解決方案。ALIKE 解決方案的核心，在於能利用航空照片和 AI，同時製作並開發出城市 3D 模型、街道格局、高精地圖等關鍵數據。

NAVER 子公司 NAVER Labs ALIKE 憑藉自身技術，建構韓國首爾市全區面積達 605 平方公里的 3D 模型，以及首爾市達 2,092 公里的街道格局圖。至於江南地區 61 公里的高精地圖，據說也將與首爾市一起建構及公開。

想要為大型城市開發數位分身，需要不同領域的 AI 技術，例如，同時使用航空照片與移動載具的複合式高精繪圖、精密測量技術、數據處理等，而 NAVER 從很久以前就早有準備。

數位分身解決方案 ALIKE 提供三種在虛擬世界建構地

圖的技術：城市 3D 模型、街道格局、高畫質地圖。

　　非營利技術研究組織 ASF，於 2007 年發表《元宇宙路線圖》，將元宇宙區分為 AR、生活紀錄、鏡像世界、VR，而數位分身近似鏡像世界的概念。

　　從 20 年前開始，數位分身主要應用於以製造為主的工程企業，尤其是作為維護、經營和管理的工具。應用與發展非常廣泛，橫跨化學、汽車、造船、能源、建築、複合型都市等。

　　根據韓國科學技術資訊通訊部（Ministry of Science and ICT, MSIT）發表的資料，虛擬整合技術元宇宙被應用在製造、建設、物流、休閒、生活等的大型計畫上。

　　韓國政府正努力在虛擬世界建立「虛擬造船廠」，並在虛擬環境下進行船舶設計及品質檢測；斗山重工業也將微軟基於雲端技術「Azure」開發出的數位分身解決方案，應用在與賓特利系統（Bentley Systems）攜手合作的風力發電產業，該計畫旨在開發可再生能源技術，建構一個可以降低既有設備維護費用的新世代風力發電系統；德國汽車製造商 BMW 集團也正建造一座虛擬工廠，採用 AI 計算技術開發商 NVIDIA 開發的「Omniverse」平台。

　　跨國企業爭先恐後地積極引進元宇宙與數位分身，韓國

國內企業也應該不落人後，投入元宇宙和數位分身的研究和引進。

06 5G 時代最具代表的元宇宙平台 ── ifland

　　開發 ZEPETO 的 NAVER 是韓國國內元宇宙的龍頭企業。NAVER 也推出了數位分身解決方案，擴大元宇宙的服務版圖。而與 NAVER 並稱韓國元宇宙雙雄的企業，正是 SK 電訊。

　　SK 電訊一直以來關注著 ZEPETO 的成功，推出了與之對抗的元宇宙平台「ifland」，既提高元宇宙使用時的便利性，也最大程度地提高使用者體驗，不論是在各種虛擬空間或操作虛擬替身，體驗感將會更升級。

　　韓國身為 IT 強國，不抗拒新技術，每當有新的平台推出，便會立刻積極使用。ZEPETO 和 ifland 的接連上市，也可以說是與韓國這種民族性相結合的成果。若推出第三、第四個元宇宙平台的企業快速增加，就有可能像 K-pop 一樣開啟 K-Metaverse 的時代。

　　SK 電訊現已推出元宇宙平台「Jump Virtual Meetup」，提供逼真且臨場感十足的虛擬會議空間。

　　身為想要搶占元宇宙市場的競爭者，SK 電訊受到

ZEPETO 大獲成功的刺激，產生危機感，推出了與 ZEPETO 概念相似的「ifland」。

ifland 直觀且細膩地呈現元宇宙的超現實形象，取名涵義為：任何人想成為什麼、想做什麼、想見誰、想去哪裡的願望（if）都能實現的空間（land）。

ifland 上市時只支援 Android OS，未來將階段性擴展服務範圍到 iOS 及 VR 設備 Oculus Quest 2 等。ifland 提供 18 個主題、超過 800 個虛擬替身資源，目標成為 5G 時代最具代表性的元宇宙平台。

在 ifland 中，虛擬替身的動作流暢優美，沒有絲毫停頓，相信會深受女性與兒童的喜愛。優美的使用介面讓使用者印象深刻，不同於 KakaoTalk、臉書、Instagram 等社群的使用體驗。在使用這款元宇宙平台時，使用者親自操縱代表自己的虛擬替身，因此沉浸感強又有趣，即使是成人也會產生興趣。

由於 ifland 是後起之秀，只能透過不同於 ZEPETO 的使用者介面和客戶體驗來做出區別。

在推出 ifland 之前，SK 電訊的策略是利用長久以來在「社交 VR」和「Virtual Meetup」等服務上累積的技術和經驗、客戶回饋，來提高 ifland 客戶的使用便利性，強化符合 MZ 世代需求的服務與內容，藉此打造 ifland 成為 5G 時代

最具代表性的元宇宙平台。

　　最大特點，在於著重流程的簡化和使用，讓任何人都能輕鬆便利地透過移動裝置 App 享受元宇宙世界。

　　進入 ifland App，螢幕上方會顯示個人的虛擬替身和資料，可以實時檢視自己的狀態；螢幕下方則是目前開設的元宇宙空間列表，使用者也可以在這些開設的空間列表中，搜尋自己有興趣的領域。ifland 提供了各種方便的功能，例如，事先追蹤即將開設的空間，即可在開放前十分鐘收到通知；追蹤的朋友登入 ifland 時，會發出通知。

　　在 ifland 裡有一個有趣的獨家活動，在暑假期間，每天晚上 10 點開始，會舉行深夜電影播映會。有興趣的人，按下參與按鍵即可同享。使用者們也可以自行發起活動，官方會公布使用者主辦的活動訊息，點擊有興趣的活動即可參加各式各樣的活動。

　　ifland 擁有各種符合 MZ 世代需求的內容，並大幅強化社交功能，支援真正的元宇宙生活。未來也將升級服務功能，不僅是小規模的私人聚會，即使是大規模的活動，使用者都能透過 ifland 盡情享受好玩又實用的元宇宙生活。

07 解決傳統建築施工的問題——MX3D

荷蘭有家名為「MX3D」的企業，是一間開發 3D 工程技術，並藉由應用於實際生活獲利的公司。

2021 年 8 月，運河城市阿姆斯特丹的某個地區，搭建了一座由 3D 印表機打造的鋼鐵橋。這座橋長 12 公尺，寬 6.3 公尺，是提供給市民通行的人行步橋。之所以執行這項計畫，是因為阿姆斯特丹的小運河多且如蜘蛛網般密布，想要到運河對面，必須先走到有橋梁的地方才行，相當麻煩。而建造一座新橋梁，以既有的建築方式，需要大興土木，也會花費相當多的時間和費用，市民還得在建造期間忍受各種不便。

由於這些問題，高科技企業 MX3D 開始尋找解決方案。傳統橋梁建築採用混凝土和鋼筋結合的方式，需要考慮非常多現實因素，例如，時間、經費及設置圍籬，避免人們靠近。

該公司在構思解決方案的同時，制定了以下的目標：

1. 不採用會造成市民不便的現場施工，而是先在其他地

方預鑄模組，再運往現場組裝。

2. 橋梁須走現代化設計並要與周邊環境融合。

3. 為了成就最完美的橋梁設計，必須持續蒐集行人過橋產生的大數據，分析並應用於其他橋梁的建造。

在這項計畫於 2018 年啟動，荷蘭設計週展示會上首度亮相，曾以 AR 呈現橋梁的初期設計概念。

在橋梁的設計圖完成後，MX3D 使用大約 4.5 噸的不鏽鋼和 4 個焊接機械手臂，歷時半年打造出一座 3D 列印橋梁。橋上安裝許多感測器，當人們走過橋梁時，會即時記錄橋梁的耐久性和壽命變化等各種數據，蒐集並傳送至雲端。蒐集來的數據連結實際橋梁的數位分身電腦模型，可用於評估、分析橋梁的性能，藉此找出最佳的使用條件和設計。

整個阿姆斯特丹運河區未來將推動「3D 列印建造計畫」，而這些條件和數據將成為相當重要的資訊。

為解決製造橋梁會產生的問題列出以下幾點初期構想。而這些構想結合 AR、VR 和數位分身等技術，發展並應用於現實世界。

1. 將解決問題的初期構想視覺化。

2. 利用電腦建模打造虛擬世界。

3. 帶入各種條件，以結構分析技術進行模擬。

4. 設計可應用於現實世界的概念。

5. 設計可應用於現實世界的 AR。

6. 組合 3D 印表機與自動化設備。

7. 列印最終產品。

8. 送往組裝現場。

9. 現場組裝。

　　這個案例成功展示了結合 AR、VR、數位分身、3D 列印、自動化設備等多種新技術如何開發出來，又如何為現代社會提供便利。參考介紹此案例的 YouTube 影片，有助於深入了解（見圖 3-2）。

圖表 3-2　在阿姆斯特丹建造一座 3D 列印橋梁

🎮 遊戲引擎技術運用在工作上

　　在韓國企業中，也有將數位分身應用於商業領域的案例。2021 年 5 月，大宇造船海洋（DSME）以 3D 數位重現巨濟島造船廠。將原本主要用於 3D 遊戲開發的遊戲引擎，應用在商業領域中。3D 遊戲引擎開發商 Unity 與大宇造船海洋簽訂合約，以數位分身重現了巨濟島造船廠。

　　在現實世界中經營造船廠，可能會有管理效率低落等問題，這些問題幾乎不太可能提前預測並防止，多是問題發生後，才進行事後處理。

　　導入數位分身技術後，員工就能在虛擬世界中即時掌握出錯的地方。在模擬的過程中，找出問題點或是有效運作的方式，將這些資訊和數據重新應用在實際的造船廠上，不僅能提高效率，也能預防意外。在造船廠的經營、管理和監督時，負責人必須經常從總公司前往當地出差，而在導入數位分身後，不必親自出差，就能在總公司即時線上監控，藉此省下大量的時間和費用。

　　汽車製造業也在開發上運用遊戲引擎，像是現代汽車、保時捷、BMW 等汽車製造商，會在虛擬世界中組裝車輛，進行自動駕駛模擬。BMW 將射擊遊戲《要塞英雄》開發商 Epic Games 的遊戲引擎「Unreal Engine」，用於開發車輛的

測試。運用遊戲引擎，可以詳細設定道路的彎曲與天氣等變數，進行虛擬車輛駕駛，精準掌握車輛在不同道路、不同季節的駕駛功能，應用於汽車的開發上。

目前在韓國的遊戲公司中，利用自家開發的遊戲引擎設計遊戲的公司，只有 Pearl Abyss 一家，但也只將遊戲引擎用在遊戲的開發上，並未擴展到商業領域。

目前遊戲引擎市場由美國企業壟斷，再加上更換開發時所使用的工具，開發者也需要很長的時間才能適應，所以鮮少有遊戲公司投入自家遊戲引擎的開發。

08 不再是遊戲廢人的 MR 運動平台 ── Arcadia. TV

一群穿著運動服和運動鞋的人到處跑跳、閃躲和翻滾，雖然累得氣喘吁吁，臉上卻洋溢著歡笑，甚至有人興奮地叫喊。然而這些人所在的地方，不是真正設有障礙物和各種設施的生存遊戲場，而是空無一物的空間。旁人看見他們的樣子，也許會將他們當成瘋子（見圖表 3-3）！

他們頭上戴著 HMD 眼鏡，雙手握著像是遊戲操縱桿的道具，在場中奔跑。這正是結合傳統遊戲與 VR 技術的「MR 運動平台」。

這款運動遊戲結合了現實世界的運動場和數位世界，運用了加拿大「Arcadia.TV」自行開發的追蹤技術。想要體驗這樣的樂趣，只需要在足球場或籃球場之類的寬闊空間，穿戴如 Oculus Quest 這款無線 VR 設備。

一起遊戲的玩家，可以透過 VR 看見對方的動作，一邊進行比賽，即使是沒有參與遊戲的人，也可以從螢幕上觀看玩家的比賽，為玩家加油。

玩籃球遊戲時，選手們可以真實地跑跳、躲避、抄截、

防守，而不是坐在書桌前動動手指，完全沒有運動效果，還容易成為「遊戲廢人」。這款遊戲可以運動到手和腰等身體部位，玩家的一舉一動都會被手上的遊戲操縱桿和頭上戴著的眼鏡捕捉，並且即時傳送至遊戲中。

Arcadia.TV 正計畫推出「Arcadia Trail」，將這款遊戲推廣到世界各地，預計巡迴六座大城市，並透過線上直播吸引觀眾，創造收益。

圖表 3-3　MR 運動平台能讓使用者感受真實運動

第 4 章

創造獲利的
虛擬經濟生態系

01 創作、開店、拍片……
獲利多元化

「獲利」和 ZEPETO 主張的「創造以使用者參與為基礎的元宇宙生態系」沒有衝突。

NAVER Z 向來強調「ZEPETO」是與使用者共創的世界」，因此，於 2020 年 4 月推出「ZEPETO Studio」，目的是為了讓使用者可以自行製作地圖與配件，並從中獲取收益。

在 ZEPETO Studio 中銷售的配件，80％以上是使用者親自製作的，目前使用者已經超過 70 萬人，推出的配件數達到 200 萬個，由使用者製作的配件也已經賣出 2,500 萬個。隨著 ZEPETO 內的加密貨幣「金幣」和「鑽石」開放交易，透過此平台提高收益的使用者正逐漸增加。

想要親自製作地圖和配件獲得收益，要先註冊 ZEPETO Studio 帳戶，通過驗證後，就會出現「製作配件」的畫面，點選「製作配件」圖示，從 12 種配件中選擇一種，即可上傳自己製作的配件，上傳是免費的。另外，使用者只能上傳副檔名為「.zepeto」的檔案，如果自己的檔案不是

「.zepeto」，只要在 3D 工具中轉檔即可。檔案大小上限 100MB，不過為了讓傳送更順暢，檔案盡可能越小越好。

如果有興趣設計 2D、3D 的角色和配件，或未來有意以此為業的人，不妨考慮在目前大受歡迎的元宇宙 ZEPETO 中創造收益。

開發並販售 ZEPETO 配件，會有多少收益？為了準確掌握這個問題的答案，我分析了在 ZEPETO 中開發並販售配件的使用者資料和經驗。未來如果有讀者想透過設計角色或配件創造收益，或許可以作為參考。

在「點數商店」（Credit Shop）可以購買配件，ZEPETO 內部可以使用金幣和鑽石兩種加密貨幣，可以透過現金儲值或是完成任務後免費獲得。鑽石可以購買金幣無法購買的特殊配件，所以價值比金幣高，不過要想玩得盡興，還是需要金幣。

角色設計可以選擇 2D 或 3D，不過從使用者購買配件的偏好來看，3D 還是備受喜愛。

將開發完成的配件上傳 ZEPETO Studio 後，需要經過審核，通過後才能公開販售。也有審核不通過被拒絕的可能，原因不一而足，有可能是配件的水準或品質太差，或是置入開發者的廣告內容。一般來說上傳後等待一段時間，開發者就會收到審核結果通知，通過審核的配件就可以開始販售，

賣得越多,賺得越多。

在 ZEPETO Studio 中的加密貨幣「鑽石」,當配件銷售的收益餘額達 5,000 鑽石以上,就會給付現金給開發者,畫面將會顯示提款按鈕。

想要增加配件的銷售,最重要的是持續上傳配件。上傳不穩定,會對收益帶來不良影響,沒有持續發布的配件,銷售量自然會下跌,好比部落客,每天持續發表新文章的人,曝光度肯定高於沒有持之以恆的人。

每次可送出審核的配件上限為 10 個,等待審核結果的時間約為兩週,所以每月可以開發 20 個送出審核,一年可以提交 240 個配件。開發後上架的配件是可以公開販售的,會有收益,而每個配件的價格都不同,假設平均每個 5 鑽石,那麼得賣出 1,000 個,才會達到能提款的 5,000 鑽石。

在 ZEPETO Studio 剛開始開發販售配件就立刻爆紅的情況,完全不可能發生,必須透過長時間持續開發配件並上傳,才有可能在某一瞬間迎來銷售暴增的引爆點。

目前也有許多設計師以 ZEPETO 創作者的身分創作,一些知名設計師初期月收入雖然只有 1 萬到 10 萬韓元(約新台幣 230 ~ 2,300 元),不過經過幾年後,現在月收入已經達到 1,500 萬韓元(約新台幣 35 萬元)。像這樣開創新興職業,以自由工作者的身分進行個人事業的人,正隨著元宇

宙的擴張而快速增加。

　　ZEPETO 有 2 億以上的使用者，這個數字仍在持續增加。其中不乏購買力強的未成年消費者，為了將自己的虛擬替身打扮得更時髦帥氣，購買華麗配件向其他人炫耀。若對角色或配件設計感興趣，無論是作為愛好還是事業，都可以考慮以 ZEPETO 的使用者為對象，投入配件的開發及販售。

創造自己專屬的虛擬空間

　　ZEPETO 不只是讓使用者使用平台提供的空間，也提供生產系統（這是元宇宙的特色之一）給使用者。使用者可以和自己的虛擬替身一起創造專屬的空間。

　　虛擬替身或角色可以進入的空間，在 ZEPETO 中稱為地圖或世界。而能夠創造這種空間的程式，正是「ZEPETO build it」。行動裝置上無法使用，必須以電腦下載使用。開啟程式後，就能創造屬於自己的房子、空間和場所等。

　　首先，在 ZEPETO Studio（studio.zepeto.me）的首頁下載 Windows 版或 Mac 版「build it」程式，安裝完成後，會出現登入畫面，選擇以信箱或其他社交帳號即可登入。登入完成後，會進入 build it 的初始畫面。build it 提供 7 種

基本選項，就選擇其中的「Town」吧！在 YouTube 上搜尋「ZEPETO build it」介紹影片，相信會有助於理解。

build it 想要提供給使用者三種價值觀：

1. 創作（Create it.）
2. 定製（Customize it.）
3. 玩樂（Play it.）

進入 ZEPETO 後，會看到其他使用者創造出天馬行空又特別的 build it 資料，不妨參考這些資料，創造出自己專屬的空間吧！即使不會程式設計，也可以直觀地進行操作，而且因為是在 3D 空間中製作，每個人都能發揮自己有趣又獨特的想像力。

ZEPETO 積極活化自家平台，提供一個讓使用者也可以成為生產者的經濟生態系，如：製作出迷人的配件後，就能分享到 ZEPETO 上，擴大產品曝光度，促進銷售。只要通過 ZEPETO Studio 的審核，即可上傳配件、開店，透過 ZEPETO 提供銷售服務。

另外，審核標準是配件中的文字或圖案不可違反 ZEPETO 提出的規定，在提供配件給使用者之前，也會確認是否遵守 ZEPETO 的使用條款及 ZEPETO Studio 的使用條

款、ZEPETO Studio 審核指南，再決定是否通過。審核完畢
後的配件，才可公開供使用者使用。

　　想要讓自己的配件打入合適的使用者群體，可以在上傳
過程中添加合適的標籤，進行市場行銷。

自己編劇、拍劇、剪片，創造收益

　　近來學生們不再只是單純使用他人製作的內容，而是自
己創造內容、分享內容，甚至藉此創造收益。最具代表性
的，便是透過 ZEPETO 編寫的連續劇。

　　在 ZEPETO 中設計出各種角色後，可以針對故事讓他們
做出符合的行為、動作和表情，再拍成影片。接著透過影片
編輯程式剪輯後，就能完成一部精采的影片。

　　任何一位 Z 世代新青年都可以是 ZEPETO Drama 的生
產者和消費者，因此元宇宙 ZEPETO 更加受到歡迎。

　　在 YouTube 上搜尋「ZEPETO Drama」，會出現許多內
容。ZEPETO Drama 喚醒了年輕學生無限的創意才能，並且
透過社群媒體展向他們的創意。在 ZEPETO Drama 中大受歡
迎的連續劇，未來也可能改編為實際播出的電視劇或電影。

重現電影和電視劇的經典場景

　　韓國電視劇《德魯納酒店》是以流浪漢鬼魂聚居的德魯納酒店為背景展開的故事，在韓國國內獲得極高的人氣。製作公司 Studio Dragon 趁著這波熱潮也在 ZEPETO 上，開設了「德魯納酒店」空間，推出相關配件。

　　這次推出的配件共有 35 種，可以在元宇宙中重現女主角張滿月的帽子、服裝、鞋子、飾品等時尚穿搭。除此之外，還推出重現《德魯納酒店》經典場景的影像專區，例如：螢火蟲紛飛的場景。

　　ZEPETO 率先推動這些改變，也積極在不同領域與行業中進行嘗試。就像在網際網路熱潮剛興起的 1990 年代，眾人紛紛製作網頁，如今我們正進入被稱為 3D 網際網路的元宇宙時代中。

　　對於具有創意與想像力的企業和個人，這種趨勢和變化都會是一個新的機會。元宇宙平台企業也逐漸將**原本只有消費的使用者轉變為生產者**，除了向使用者收取消費產生的費用，也規劃了另一套生產經濟生態系，讓使用者也能從事生產，並且分享、散布生產的成果，由此創造收益。

　　無論是個人還是企業，都應該關注與投入元宇宙生態系。每當新技術或新的商業模式出現時，比其他人更快搶占

先機，就能成為強大的競爭力。如果只是隔岸觀火，永遠得
不到新的機會。

02 開發遊戲不再是工程師專利

ZEPETO Studio 仿效的目標，是號稱「元宇宙遊戲界YouTube」的《機器磚塊》。《機器磚塊》曾推出「Roblox Studio」，集結了使用者親自製作遊戲時需要的工具。

在 Roblox Studio 首頁的初始畫面中，按下「開始創作」按鈕，就會彈出作業視窗，會提供方便作業的幾種基本模板，只要從中選擇即可。

例如，想要按照自己的想法規劃設計所有空間和造型，可以選擇只有地板的模板；想要使用遊戲內提供的基本空間或造型，只要選擇對應的模板即可。

比如要創建賽車專用空間，可以選擇「競速」模板，並且在清單點選想要添加的物件（Object），即可完成。

《機器磚塊》除了可以創建個人化的空間，也可以開設虛擬替身商店，藉由交易獲得收益。

利用 Roblox Studio 可以製作各種類型的遊戲，例如：RPG、冒險、格鬥、障礙賽等，並上傳到《機器磚塊》中。遊戲中也導入課金制度，讓使用者可以購買配件增加虛擬替身的特殊能力。

在開放一般人也可以參與的遊戲開發環境後，《機器磚塊》裡的遊戲數量已經突破 5000 萬個，每天都有新的遊戲開發出來並上傳，正如《機器磚塊》的主張，遊戲「仍在持續增加中」。

參與《機器磚塊》遊戲製作的開發者，至 2021 年底為止，已經超過 800 萬人。

在《機器磚塊》中賺錢的人，像是製作《機器磚塊》遊戲來解決學費的理工科學生、全職《機器磚塊》遊戲開發者等，正逐漸增加。在美國和歐洲，甚至出現利用 Roblox Studio 來教電腦程式設計的學校。

03 虛擬空間設計師的需求大增

在 Gather Town 中，使用者可以直接使用平台提供的空間，若想創建由個人設計與布局的空間，也有免費讓使用者製作的功能。想要在 Gather Town 創造收益，首先得了解並熟悉創建空間的方法與功能，累積使用能力。

Gather Town 有提供基本的模板目錄，有辦公（Office）、季節（Seasonal）、體驗（Experience）、社交（Social）、會議（Conference）、教育（Education），共 6 大類別，只要從中選擇事先已經設計好的類別即可。辦公是預設的狀態。

Office 這一大類有 25 個地圖，項目依序排列，將滾動軸往下拉，即可看見所有項目。

在所選的模板上有物品清單，有桌面（Desk）、大廳（Lobby）、海灘（Beach）、會議室（Conference Room）、屋頂（Rooftop）、餐廳（Diner）等。可供 2 到 25 人使用，可以設計室內或室外的屋頂和海邊，共 3 種地圖。

另外，可以將自己創建的空間設定專屬的名稱，也可以選擇是否使用密碼（可設定為知道密碼才能進入），再選擇空間的用途。

　　熟悉如何在 Gather Town 創建可使用的空間，累積一定的實力後，就能挑戰付費任務，為企業或機構、學校等客戶創建客製化的空間，提高收益。

　　越來越多公司或學校需要創建專屬的空間，在該空間中進行各種比賽或活動，不過如果不是具備一定能力的專家，通常難以創建滿意的空間，所以多數人會選擇外包，交由專門開發 Gather Town 空間的專家。

　　在媒介專家或自由工作者的平台「Kmong」，開發空間的專家正逐漸增加，他們開發費用根據空間或地圖的規模、層數（區分不同層空間的數量）、物件而不同，從兩、三百萬韓元到數千萬韓元都有（約新台幣五萬到數十萬不等）。如果各位對空間設計或室內設計有興趣，這個領域絕對值得挑戰。

04 投資價值可期的虛擬資產 NFT

　　推特創辦人兼執行長傑克・多西（Jack Dorsey）最近將自己的第一條推特放上 NFT 拍賣。NFT 承認推特創辦人傑克・多西所發出的史上第一條推特的所有權，並透過拍賣以 290 萬美元的價格售出。

　　傑克・多西將自己在 2006 年 3 月 21 日發出的第一條推特「剛剛設定好我的推特」（just setting up my twttr），放上推文代幣化市場「Valuables」（v.cent.co）平台上進行拍賣。據說傑克・多西預計將拍賣獲得的收益，全數捐給非洲因為感染新型冠狀病毒而深受其害的人們。在此平台中，銷售收入的 95％由執行長傑克・多西所有，其餘 5％則交給負責拍賣的 Valuables。

　　NFT 是非同質化代幣的縮寫，與隨時可以用其他代幣替代的「同質化代幣」（Fungible Token）概念相反，指的是具有不可相互交換特性的數位資產。

　　NFT 基於區塊鏈而誕生，具有防偽優勢，保障安全性，對於所有權歸屬也有所保障，有著「智慧型合約」的特點，善用智慧型合約，製作者就能根據合約條件在未來重新販售

時，獲取一定的版稅。

NFT 是一種全新的「檔案格式」，開啟了新的經濟生態系。因為可以立刻檢查數位檔案的來源，所以能驗證檔案是否為原件，也能追蹤所有權。

NFT 是可以在區塊鏈上生成的一種代幣，每個代幣都有固定編號，這種新興的檔案格式可以透過傳送代幣互相交換。當 NFT 與數位檔案結合，就能輕易透過固定編號來檢視該檔案的所有人，以及確認是否為原件。

近來電子商務（E-commerce）備受矚目，小型企業即使沒有實體商店，也能在線上針對消費者推動生意，但是電子商務是以實際世界為基礎運作的，在商品的製造及運送上需要供應鏈，因此初期得投入許多經費，這也造成了進入電子商務的阻礙。

但 NFT 是數位商品，無須製造商品的工廠，也不必長途運送。只要將代幣傳送至數位錢包的地址，就算完成交易。未來 NFT 將會被廣泛使用，就像網路交易一樣頻繁。

NFT 屬於虛擬資產的一種，雖然是可以利用區塊鏈技術複製的數位內容，不過能透過加密標示所有權，再結合紀錄該商品訊息的後設資料（Metadata），以及防止非法複製的時間戳（Timestamp），即可成為世界上獨一無二的數位資產。

　　過去數位資產允許複製而導致原件喪失意義，而 NFT 的出現賦予數位資產獨特性，承認其經濟價值，由此開啟了以合理價格購買、販售的新市場。

　　在貨幣受到限制後，NFT 市場開始獲得關注。NFT 雖然與比特幣、以太幣等同質化代幣相同，都是運用區塊鏈技術，最大的不同，在於 NFT 能賦予數位資產額外的「認知價值」（recognized value），並且不可互相交換。

　　NFT 是具有稀缺性的數位資產，每年創造了 2 倍以上的成長趨勢。在 2021 年第一季市場規模突破了 20 億美元。

　　早期積極引進 NFT 的，大多是與數位收藏品相關的領域，其中獲得巨大成功的案例，正是 NBA Top Shot（NBA 官方授權卡牌蒐藏應用）。球迷們透過平台交易被賦予固定編號的 NBA 比賽精采畫面，也推出實體籃球集換式卡牌（trading card）的數位版本。最近詹姆斯（LeBron James）的精采畫面以 20 萬美元賣出，NBA Top Shot 平台創下了 3 億 800 萬美元的總銷售額。

　　連鎖速食品牌麥當勞的法國分公司，也加入了 NFT 市場。法國麥當勞策劃 NFT 相關活動，向顧客販售數位麥克雞塊、薯條、大麥克、聖代。

　　新經濟生態系的出現年長世代或許難以理解，然而 MZ 世代自然地接受、認同數位收藏品和虛擬空間的所有權。近

年 GUCCI 也計畫推出自家的 NFT。

與元宇宙相關的 NFT 具有以下幾點特徵：

1. 像加密貨幣一樣，投資利用區塊鏈與 NFT 的虛擬資產，即可獲得經濟利益。

2. JPEG、GIF、3D 動畫、VR 等任何一種數位資產，都可以成為 NFT。除了提供實際產品或服務，以交換財物的傳統方式外，虛擬的數位產品也可以成為交易對象。

3. NFT 沒有實物交易過程中會遇到的運送或保管、產品瑕疵等問題。運作方式為知名奢侈品牌販售實體產品，同步販售數位化的品牌圖片。

4. NFT 被賦予經濟價值，是連結產品支持者或顧客的溝通工具。賦予特定資產金錢上的價值或價格，該資產能進行收藏或交易，透過這種管道和方式，知名品牌和顧客之間能建立更緊密且親密的關係。站在企業的立場，在宣傳與行銷品牌的同時，也能達到建構經濟生態系的效果。

NFT 畫廊是近來最常被使用的服務。NFT 用於為數位產品賦予不可替代的代幣，得以販售或拍賣產品的所有權。

由於標示了所有權，所有人都能看見數位產品本身。不過即使存在數位複本，也無法證明其所有權，必須取得 NFT，才被認可擁有所有權。

最具代表性的交易所 OpenSea，在 Spatial 內舉辦虛擬畫展，展出上傳於 NFT 的作品，觀眾可以在 OpenSea 畫廊欣賞被賣出或交易的多件作品。

虛擬不動產交易網站 earth2，也和 NFT 一樣備受矚目。earth2 是將地球上所有土地切割為 10 平方公尺，可以用現金購買和出售的平台。

earth2 網站上販售的土地，並不是現實世界實際生活中的土地，而是利用衛星影像創造出和地球一模一樣的虛擬行星，並在此買賣土地。

在 earth2 購買的土地，只會留在遊戲伺服器的紀錄中，對現實世界不會造成任何影響。

儘管如此，仍有許多人為了購買 earth2 上的不動產競相參與競標。這款遊戲於 2020 年 11 月開始提供服務，到 2021 年 4 月，美國使用者的資產價值已經高達 3215 萬美元；義大利在 earth2 虛擬不動產投資 810 億美元；韓國使用者也投入了 745 萬美元。

投資平台「Republic」在元宇宙虛擬空間內開發「數位不動產」，並且開放購買，主打休憩園區的概念，在其中布

置了小型庭園，擺上帳篷、躺椅和家用餐桌。

　　該基金主要以 Decentraland、The Sandbox、Cryptovoxels、Somnium Space 等不同類型的元宇宙虛擬空間為對象。人們可以利用基金內的資金在這些空間建造飯店、商店，提高資產價值。

　　Republic 宣稱將會開發酒吧和賭場等設施，也正與知名連鎖飯店洽談中。現實世界中的不動產投資模式「投資－開發－創造收益」，正應用在遊戲內的數位虛擬世界。該基金目前只有收到邀請的 99 人才能加入，投資金額每人最少為 2 萬 5,000 美元。

　　過去雖然也有個人之間交易元宇宙空間的案例，但推出投資商品還是第一次。隨著使用者在元宇宙中停留的時間逐漸增加，展覽、表演、購物、聯誼等，越來越多經濟活動都選擇在元宇宙中進行，相信數位不動產的投資價值也將水漲船高。

　　人們相信虛擬不動產有望成為未來的替代投資手段，因此一窩蜂湧向數位影像的虛擬土地。

第 5 章

為迎接元宇宙做好準備

　　2020 年元宇宙開始受到全世界的矚目，然而新冠肺炎疫情帶來非面對面、居家辦公和遠距授課等變化後，從 2021 年春天開始，元宇宙一詞透過各類報導和新聞逐漸廣為周知。不過數位轉型的過程卻導致許多企業和組織陷入了大混亂。

　　現在企業間似乎有種氛圍，如果不盡快引進數位化轉型，就會失去競爭力，再加上人工智慧、區塊鏈等多樣技術，元宇宙與數位轉型一下子成了熱門話題。

　　技術不斷地發展和進步，導致企業或個人陷入混亂，這時再遇到元宇宙，自然引起許多企業的關注，瘋狂地衝進元宇宙的世界，彷彿有引進元宇宙的企業就是最先進的，沒有引進的公司就是跟不上時代。因此在相同產業或商業領域裡競爭的企業、組織，如果聽到競爭對手引進或使用元宇宙的消息，擔心自己落後，也會迅速引進。

　　事實上，迄今為止，世界上所出現的技術，都屬於獨立的技術（雖然偶爾會有複合技術，但都有明確的分野），在理解和利用上都不存在太大的困難和混亂。但是提到元宇宙時，會用「和 3D 的 MMORPG* 遊戲一樣」的方式說明，或者介紹它為「擴張 VR 或 AR」。既有代替使用者的虛擬替

---

*　Massively Multiplayer Online Role-Playing Game 大型多人線上角色扮演遊戲。

身，也有連接社交網路的區塊鏈或 NFT，是活用 3D 網路、5G 非面對面時代所需要的技術。有些人認為元宇宙是一種平台，應該存在雙向互動，不過光是要理解和運用一種技術就很困難了，更何況是囊括各種技術的元宇宙，當然會讓企業或個人都猶豫不決且恐懼嘗試。

嚴格來說，元宇宙包含了前述所有技術、工具和服務。還記得曾經流行一時的「普及運算」（Pervasive Computing）嗎？在拉丁語的意思是「隨時隨地都存在」，指的是使用者可以不管電腦或網路、不受地點限制，自由連接網路的環境，也就是隨時隨地都能方便地使用電腦資源，將現實世界與虛擬世界結合。過去許多政府積極透過各種政策和議題發展普及運算，但時間一久，便漸漸地從大眾的記憶中消失了。

從普及運算的定義來看，也許會覺得與元宇宙相同，但是元宇宙所包含的技術和服務，比起普及運算流行的時期，已經有了跳躍式的發展，開發並追加了很多當時沒有的新技術和服務。

如果想了解元宇宙的未來，就要全面去理解元宇宙的概念、誕生、發展過程和現況。綜合前述的說明，我們可以知道元宇宙的概念並不是最近才突然出現，而是近三十年來，透過各種技術的開發和發展，不斷進化而來的。

隨著近年在計算、硬體與網路性能上的飛躍發展，積極吸收區塊鏈、加密貨幣技術，呈現出快速、廣泛且驚人的成長。再加上高度依賴半導體和光學技術的 HMD、可穿戴式眼鏡與 AI 技術的融合，虛擬世界和 AR 的效果與體驗更加進步，使元宇宙正持續地加速成長。現實世界與虛擬世界不分領域和界限，即時互通，新的產業、服務與附加價值也將會擴散。

大家應該還記得 2009 年上映的電影《阿凡達》吧？戴著 3D 眼鏡，進入大螢幕展開的 3D 虛擬世界長達 160 分鐘。在當時是非常巨大的衝擊與震撼的體驗。我還清楚地記得，由於被 3D 影像所吸引，10 年前韓國 3D 電視推出時，我放棄了剛買不久的大型液晶電視，購入 3D 電視，戴上 3D 眼鏡，幾乎是生活在 3D 的影像世界中。

《阿凡達》中的主角傑克下半身癱瘓，只能依靠輪椅生活。當他連接到潘朵拉星球後，阿凡達代替主角成為了可以隨心所欲奔跑和移動的戰士。

在現實世界的限制中卻還能保有多樣性，是元宇宙重要的魅力與成功的要素。過去，我們只能透過看電影來體驗的世界，現在透過元宇宙就能直接體驗與活用。

目前遊戲多是看著螢幕畫面玩的 2D 遊戲，沒有立體感，因此讓人難以投入，容易覺得無趣，但戴上 HMD 享受

的 3D 遊戲能提供強烈的沉浸感與樂趣。所以 3D 與 2D 是完全不同的體驗感，圖表 5-1 即是戴著 VR 設備，玩 3D VR 遊戲的模樣。

　　從企業方面來看，由於新冠肺炎疫情，非面對面的會議模式已經成為常態，但是目前非面對面的視訊會議，主要利用 Zoom、Microsoft Teams、Google Meet、Webex 等，這些都是透過 2D 螢幕來進行的，除了沒有立體感，視野也容易受螢幕周遭的牆壁、家具或其他事物分散，因此讓人難以完全投入會議，也很容易會感到疲憊（見圖表 5-2）。

圖表 5-1　3D VR 遊戲的沉浸感與樂趣較 2D 遊戲豐富

　　然而現在非面對面的視訊會議也能夠以 3D 的方式來進行了，透過 2D 顯示器畫面看到對方的臉，虛擬替身們會代表與會者聚集在會議現場。隨著 AI 技術的發展，虛擬替身的臉可以截取本人實際臉部，盡可能地提高相似度。

　　說話的時候嘴脣會動，若雙手拿著裝有感應器的遊戲搖桿，在實際擺動手部時，虛擬世界會即時顯現手勢，提高臨場感和真實性，如實際坐在會議現場說話般。當然，會議效果也會因此提高。

　　要召開 3D 會議的話，必須使用 HMD 設備。大部分的企業會免費向所有員工提供辦公用的筆記型電腦，隨著這波元宇宙趨勢，在未來提供免費 HMD 設備，可能性很大。以前 HMD 的價格比筆記型電腦貴很多，但隨著科技發展，這些設備的價格正在快速下降，像是 Oculus Quest 2 最低配備版本，價格約為 40 萬～ 50 萬韓元（約新台幣 1 萬～ 1 萬 2,500 元）。

　　企業由於費用上的壓力，難以提供所有職員 HMD 設備，會事先評估職員的設備需求，先提供給需求度高的職員，例如，需要利用 3D 空間設計圖和成品模型的創意開發團隊、需整合多種統計資料和數據來做重要決策的高層、召開工廠生產裝備或工程現場建築物的會議等。

　　另外，站在公司的立場，使用 HMD 可能也會造成反效

果。因為有這些設備，就可以下載 3D 遊戲，不過 HMD 可
以開啟防止下載功能，讓職員居家辦公時，不能用公司提供
的 HMD 來玩遊戲。為了避免員工以公司提供的 HMD 下載
遊戲，公務上使用較低端的硬體配備就足夠了，因此以 10
萬～ 20 萬韓元（約新台幣 2,500 元～ 5,000 元）的低價，就
能大量供應 HMD 器材。

　　現在將進入廣泛運用 HMD 的時代，不論是公務上使用
低配備 HMD，或是個人用的豪華配備，未來使用 HMD 將
會成為常態。

圖表 5-2　受新冠肺炎疫情影響，線上會議已成常態

急需打造良性循環的元宇宙平台

　　現在讓我們來分析，哪些與元宇宙相關的技術或商機是企業應該關注的吧！

　　構成元宇宙虛擬生態系統，需要有三個要素來打造基礎設施，分別是軟體、硬體和平台。它們也各自產生巨大的市場和商機，若企業同時囊括三項，便能在市場上擁有絕對的優勢。

　　有些企業像《機器磚塊》、《要塞英雄》、ZEPETO、ifland等，他們開發並提供元宇宙平台，主要客群是玩遊戲的年輕世代（B2C），但近來為了爭取企業客戶（B2B），正在努力擴大商業領域，例如，舉辦活動、徵才說明會與面試、職員培訓或研討會等；時尚企業則會設立虛擬賣場，與 MZ 世代客戶進行溝通；娛樂企業則利用元宇宙為歌手發表新歌或舉辦演唱會，提供給全世界的粉絲。

　　Gather Town 也是元宇宙平台，主要是在虛擬世界設置辦公室、教育地點或活動場所的 2D 虛擬世界。雖然 Gather Town 所提供的虛擬空間和虛擬替身，與提供 3D 空間和虛擬替身的 ZEPETO 或 ifland 相比，是較粗劣的技術，但在虛

擬替身間的互動，卻是明顯有效的。

在虛擬世界的畫面中，不僅能看到虛擬替身，隨著虛擬替身的距離越來越近，會開啟鏡頭，透過鏡頭能看到操縱替身的本人，因此投入感和互動的效果非常顯著。然而 ZEPETO 和 ifland 能看到虛擬替身，卻不能實際看到本人，若要對抗 Gather Town，必須發展能夠對應真實臉孔的功能。

在這樣的情況下，出現了一個強而有力的競爭者，就是在擁有全世界 12 億使用者的臉書。臉書推出了 Horizon Workrooms 元宇宙平台，將 2D 的 Zoom 和 Gather Town 的功能合二為一，設計和使用介面都更加進化。

Zoom 能藉由視訊看見本人；Gather Town 是用虛擬替身在虛擬空間移動，當彼此靠近時，啟動視訊功能；Horizon Workrooms 既像 Zoom 一樣會出現實際畫面，同時卻能如 Gather Town 般，用虛擬替身來移動。

Gather Town 雖然有虛擬替身的特點，但設計較粗糙，畫面上也很小，多少會讓人感到鬱悶。而 Horizon Workrooms 的虛擬替身質感很好，與真人相似，給人一種像是真人在身邊的感覺。

Horizon Workrooms 的虛擬替身，是利用人工智慧技術先以相機將使用者的臉截圖，再用最接近本人臉部特徵的方式生成虛擬替身，因此能夠讓人沉浸其中並充分互動。

　　提供在 3D 虛擬空間進行遠距會議的元宇宙平台有 Spatial，以及由芬蘭企業所開發的 Glue。為了和讀者分享 Glue 的使用體驗，我與 Glue 的主管在 Glue App 上進行了會議。

　　Glue 的介面與 Spatial 非常相似。差異在於 Spatial 是用真實臉部來製作虛擬替身，雖然貼近真實卻仍有怪異之處；而 Glue 則像 Horizon Workrooms，虛擬替身讓人非常有好感，讓人覺得親切。

　　Glue 也需運用 HMD，提供的虛擬背景夢幻又美麗，會讓人有想要待在虛擬世界的衝動，在這裡開會的話，除了能夠高度投入，還能體驗空間所呈現出的華麗感，當中有各種極具魅力的虛擬空間，像是以瑞士美麗的湖水為背景；彷彿穿越到沙漠地區的華麗帳篷；大雪紛飛的雪地；豪華遊艇上的奢華氛圍等。

　　我與 Glue 高層 Jani 一起探索各個空間，一邊交換意見同時進行會議，實際體驗在網路便利貼上輸入文字或共享投影片資料。

　　Glue 和 Spatial 主要以 B2B 為目標。搭建並提供平台，相當於擁有元宇宙虛擬生態系統的核心，能夠聚集數億或數十億的使用者，並且由於平台的特性，一旦加入該平台，客戶離開的機率很低，而且會伴隨著鎖定效應。這樣就能夠輕

鬆展開經濟活動或收益事業。

　　但是平台提供者需要考慮的是，單方面地向使用者提供整個生態系統和內容，是一件非常危險的事。若想持續開發新的內容，就需要投入大量的人力資源，而這最終將成為使用者在經濟上的負擔。此外，MZ 世代會期望能自由地表達自己的想法和意見，來達到雙向的溝通，因此元宇宙平台要能夠同時提供使用者成為內容開發者的機會，自行設計讓虛擬替身穿的衣服或配件、設計虛擬空間，並註冊獲得收益，這就是經濟系統的運作方式，即使不會帶來收益，使用者也能根據自身需求來設計空間，並提供在平台上開放使用。

　　ZEPETO、ifland 與 Gather Town 等都屬於這一類型，而 Horizon Workrooms、Glue 和 Spatial 是只有提供者才能使用的封閉平台，為了元宇宙追求的「開放式雙向互動」，應該要更新為使用者也可以積極參與的開放型生態系統。

　　如果是正籌劃開發新的元宇宙平台，提供的服務和業務應該慎重考慮市場、客層和目標，也要定位提供的內容以彰顯與競爭對手的差異性，同時要考慮客戶價值，諸多因素和變數都應該慎重評估，再來制定競爭策略。

　　過去，企業以巨大的資本為基礎，專注於構建實體購物中心，改善生產線的自動化，但現在則必須轉為將現實世界的商業競爭力和價值連結虛擬世界的元宇宙，並找尋發揮協

同效應的方法。

例如，以實體店面為中心，銷售家具和生活用品的
IKEA，提供「IKEA Place」，讓客戶能夠透過 AR 的應用程
式，假想家具擺設的樣子；GUCCI 也提供了在實體銷售的
鞋子能虛擬試穿的服務。從這些例子可以發現，一流企業現
在正全力構建融合實體和虛擬的元宇宙平台和生態系統。

企業可以透過「元宇宙辦公室」來增加職員之間的會議
或合作，或者引進數位分身工廠，來減少成本和經營費用，
並提高工作安全。

觀察韓國企業現狀，不分產業領域，許多企業都進入了
元宇宙，其中金融界和娛樂界的發展速度極快，遊戲公司也
積極合流。

金融界正在尋找能在元宇宙裡進行高級主管會議的方
式，也積極進行元宇宙的各項研究與嘗試。因應新冠肺炎疫
情，直接拜訪窗口的情況驟減，新世代對於主要交易銀行的
忠誠度逐漸降低，因此為了牢牢抓住既是金融界主要客戶，
同時是元宇宙世界主流的 MZ 世代，金融界採積極開發的
策略。

金融界的元宇宙活用策略，比起創造眼前的收益，更重
視對 MZ 世代的宣傳，這一切都是為了累積導入元宇宙技
術的技巧和經驗，未來，元宇宙世界將會開闢另一種金融

市場。

　　韓國娛樂界的領頭羊 SM，為了搶占元宇宙商機，和韓國科學技術院一起從事研究與開發。兩家機構計畫以開發內容、AI 與機器人等領域，共同研究相關技術和開發虛擬替身。研究目標為發展出活用虛擬替身來演出的技術，藉此搶占元宇宙平台和內容的主導權。

　　雖然現在使用的元宇宙平台有 ZEPETO 或 ifland 等，但從長遠發展來看，平台還是受到了束縛。因此金融、娛樂、物流、時尚與運動等，所有領域的企業應該以開發和建構不依賴其他公司，能獨立營運和主導的元宇宙平台為目標。

　　就像過去認為在網路上建立網站是理所當然的事一樣，在未來，構建元宇宙平台也是不可或缺的。

　　美國企業用雲端 CRM 軟體公司賽富時（Salesforce）的創始人馬爾克・貝尼奧夫（Marc Benioff），對普通人來說或許很陌生，但對從事 B2B 業務的企業和職員來說，卻是家喻戶曉的公司。

　　我也親自使用過賽富時 CRM，並成為顧問，針對賽富時 CRM 提供全球企業的銷售者教育訓練與諮詢。全球有許多一流企業都是賽富時的客戶。

　　貝尼奧夫是最早推出被稱為軟體即服務 SaaS（Software as a Service）的雲端服務先驅，他在大學主修程式設計，

1984 年以蘋果實習生的身分在麥金塔電腦事業部工作，他的工作是負責尋找程式錯誤，對一位優秀的程式設計師來說，這是一件非常無聊的事情，但他沒有放棄實習，反而選擇繼續工作，就是為了能見到蘋果創辦人史蒂夫·賈伯斯（Steve Jobs）。

當他實習結束，大學畢業後，他進入了全球第二大軟體公司甲骨文（Oracle），並只花費了 3 年，就晉升為行銷副總裁。在甲骨文任職期間，他發現客戶公司如果想使用甲骨文的軟體，必須購買套裝程式來進行安裝，並聘僱專門人員來負責維修和管理，因為這個問題，客戶們需要購買配備良好的電腦，除了經濟上的負擔，公司方還有需僱用更多人力的風險。

他在甲骨文任職時期，一直與賈伯斯保持聯絡。有一天與賈伯斯見面的時候，他吐露了自己平時的煩惱，賈伯斯向他提出了建議：「如果你想生產容易使用的產品，就不應該去追加開發什麼，而是應該從消除什麼開始。」

這個建議讓他領悟，不需要去開發易於安裝程式的方法或技術，而是應該製作一個不需要安裝的程式（這就是訂閱型雲端的 SaaS 程式），雖然他嘗試將這種劃時代的概念應用在甲骨文上，但因高層的反對而處處碰壁，最後他決定自己開發程式。1999 年從甲骨文公司辭職之後，就創業成立

了賽富時。

　　賽富時的方向有三個：

1. 讓客戶不須安裝軟體，只要連接雲端即可執行。
2. 讓客戶不用購買全部套裝程式，只使用必要的部分，按照使用多少來支付費用。
3. 程式和使用者輸入數據的維護和管理，由賽富時線上代理進行。

　　這種新穎又劃時代的方式，獲得許多一流企業的青睞，並立即採用了賽富時，因此他創業才短短 4 年，公司員工人數就已經達到 400 名，年銷售額也迅速增加到 5,000 萬美元，但他並不滿足於停留在新創業水準的公司，而是追求邁向更高的階段。找不到好點子的他為了尋求建議，2003 年去了蘋果總部和賈伯斯見面。

　　他為了得到對這個商品的評價，向賈伯斯展示了賽富時提供的服務，但賈伯斯沒有針對產品提出評價或是改善的建議，而是說：「要想成為優秀的執行長，就要考慮到未來。能夠提供更好的商品固然重要，但必須要能夠解釋為什麼要推出這個產品，以及它對公司未來發展的作用。」

　　這段話代表，在推出一個新的產品或服務時，要去思考

它在公司未來的發展藍圖中起到什麼作用，也要考慮到要如何與其他服務連接。最後賈伯斯建議貝尼奧夫「應該要建構一個應用程式的生態系統」。

對於賈伯斯說的「應用程式生態系統」，讓他苦惱了很久，也研究了很久，但始終沒能得出結論，時間就這樣過去了。2005 年，他在某個餐廳裡，突然冒出開發部門的業務改善方案，也就是運用 2 年前賈伯斯曾建議的方法，建構一個適用於賽富時的應用程式平台。

當時每間 IT 公司在人力運用的方式上幾乎都差不多，聘請有實力的工程師，在封閉的空間裡開發各自負責的功能，再將大家的成果整合在一起並推向市場。

但這種運作方式會產生問題。服務是工程師們經過長時間的開發後推出的，但可能對使用者來說並不需要，因此反應不好，公司方也會為了開發更好的服務，需要追加聘請新工程師。因此貝尼奧夫認為這種方式需要革新。最後他想到能將 IT 公司現階段遇到的危機和構築雲端應用程式生態系統平台做連結。

他所擬出的開發計畫並不是由公司制定程式，再分配給工程師開發的單向模式，而是開發者和使用者都可以製作自己需要的應用程式，上傳到賽富時的平台上，讓其他使用者也能夠下載使用。

他在餐巾紙上草擬出初步的計畫，而為了方便實施，將賽富時的服務方式改為以平台為主，也就是 Salesforce AppExchange。

由於 AppExchange（App Store 的概念）能提供使用者多樣化的企業管理軟體，這在過去是沒有的服務。不僅讓開發者獲得收益，也形塑可以共同成長的良性生態系統循環。在當時，生態系統裡共享的應用程式超過 5,000 個，銷售額也急劇上升。

2008 年，在蘋果推出 iPhone 的第 2 年，貝尼奧夫參加了蘋果開發者會議，當他看到賈伯斯在展示中介紹 App Store 時大吃一驚。賈伯斯告訴自己的神來一筆「應用程式生態系統」，如今他也成功開發了 App Store 平台。他用應用程式市集，讓全世界開發者可以製作和銷售應用程式，打造了 iPhone 和 iPad 的生態系統。

蘋果推出的 App Store 應用程式商店，將 iPhone 打造成與現有的智慧型手機完全不同的產品。銷售額是由開發商和蘋果七比三分帳，對軟體開發者來說，開放生態系統的運作模式帶來了新世界。

貝尼奧夫在 2019 年接受《華爾街日報》（*The Wall Street Journal*）採訪時說：

「賈伯斯告訴我，革新不是憑空而來的，當數百種產品和服務有效地連結在一起時，企業的未來才能得到保障。若這一切都是以洞察力為基礎建構出來的，能帶給消費者的會是不同層次的感動。他沒有革新產品，他革新的是生態系統。」

因此要想革新元宇宙生態系統，就必須建構一個強而有力的元宇宙平台，比起產品、技術和服務開發，有著良性循環結構的生態系統，是平台開發最首要的課題。

掀起競爭熱潮，引發存廢危機

　　如果將元宇宙定義為 3D 網路、虛擬世界、AR 等，那麼就必須利用 3D 功能。然而人類擁有的視力在現實世界中能看見 3D，但在虛擬世界卻只能看作 2D，若要克服人類視力的局限，需要 HMD 或 AR 眼鏡等輔助工具，讓人們能在虛擬世界裡看到 3D。

　　目前可以使用的 HMD，有 Oculus Quest、Pico Neo 與 PC VR 等。

　　在元宇宙崛起之前，HMD 主要用在 3D 遊戲上，但 HMD 設備太貴，對使用者帶來了經濟上的負擔，再加上市場上提供的 3D 遊戲不多，即使購買昂貴裝備，用途卻不多，因此 HMD 在銷售和推廣上都非常低迷。

　　在 HMD 生產業界中，有能力突破這種壁壘的就是臉書。臉書雖然擁有超過 12 億的使用者，但由於沒有電腦或智慧型手機的硬體或行動作業系統，隨時都有可能被其他競爭者超越，而嚴重打擊事業與收益。從長期來看，如果不能擁有行動作業系統和硬體平台，隨時都有可能面臨危機。祖克柏認為在虛擬世界和元宇宙時代，應該掌握行動作業系統

和硬體平台的霸權，因此也在持續籌備。

鉅額收購了 Oculus，並投入了大量人力和資源開發 Oculus Quest 2，他大幅降低這些裝置的售價，以降低消費者的進入門檻，銷量超過數百萬個。同時，他們還推出了可以連接元宇宙虛擬世界的會議平台 Workrooms，能夠用 HMD 的 Oculus Quest 來連接。

祖克柏將元宇宙平台的硬體和軟體基礎設施逐步掌握在自己手中，在元宇宙世界裡，開啟了不需要跟隨谷歌或蘋果的新歷史。

Oculus Quest 2 的低價攻勢讓競爭業者驚訝，Workrooms 的推出再度讓他們面臨存廢危機。專門開發和生產硬體的企業，會希望元宇宙平台能大量增加，也期望可以大量開發遊戲內容。但是，擁有元宇宙平台同時又生產 3D 設備的企業，就會生產適合自家元宇宙平台的設備，與之競爭的硬體生產企業就會失去立足之地，最終面臨倒閉。

《機器磚塊》、Fortnite、ZEPETO 和 ifland 等程式支援手機使用，屬於 2D，因此不需要 HMD 等裝備。但是 2D 能給客戶的體驗感有限，不久後很有可能就會擴大到 3D，屆時 HMD 將成為必需裝備。可以推測為了未來，他們很有可能正在祕密地開發 3D 版本和 HMD，如果某天同時公開 3D 平台和 HMD 並啟動服務，那麼只生產 HMD 設備的企業，

很有可能面臨倒閉。

過去是採用相互合作的結構，擁有某一領域的專業性和特殊技術，分別製作軟體和硬體。但在元宇宙時代，全方位的開發軟體、硬體與平台等，以構築壟斷的生態系統，排擠潛在競爭者，掀起一股打造高壟斷性及收益的價值鏈熱潮。

元宇宙平台和硬體開發必須具有相關的驅動和營運軟體，現況來看，擁有充足資本的大企業，只要下定決心，隨時都可以開發平台和硬體所需的軟體，關於平台和硬體的開發，在前面的章節也有提過。這裡我來說明除了平台和硬體，其他領域所需要的軟體。

在元宇宙平台上有各種已經籌備完成的空間，虛擬替身就會在各式的空間裡活動，因此必須有軟體來設計和開發空間及虛擬替身，而要開發這些軟體其中也是牽涉到許多領域。

不沿用 ZEPETO 或 Gather Town 等平台所提供的空間，而是針對自身所需，設計並開發空間的要求正在迅速增加中。

隨著新冠疫情的長期化，企業從在大樓辦公室工作轉變為居家辦公，甚至有企業已完全關閉原來的辦公室，讓所有的員工開始在元宇宙虛擬辦公室工作。即便是虛擬辦公室，也需要有自己熟悉的室內結構、布置和室內裝潢，才會有親切感和安全感，也更容易讓職員們投入到工作當中，因此會參照實體辦公室結構，做出相同的設計和布局，來開發並使

用元宇宙虛擬辦公室。

這種將現實世界的建築物對應到虛擬世界並打造出來的技術，就是數位分身，如同實體建築的雙胞胎。要把大樓打造成數位分身的過程非常艱難，尤其是要如實打造高層數和複雜室內結構。因此有越來越多的 IT 企業專門開發能輕易做出數位分身的軟體。

即使不是 3D 的數位分身，要模擬出 2D 的虛擬辦公室，像是在 Gather Town 設立客製化的辦公室，也是需要花費長時間的開發和作業，投入大量人力和費用。因此為了因應這種難題，負責開發的公司和軟體開發，也需要進一步擴大服務。

除了虛擬空間，開發虛擬替身也是一個新的商機。在元宇宙平台上使用的虛擬替身，隨著電腦硬體和人工智慧技術的發展，可以像迪士尼動畫電影一樣，製作出接近真實世界的樣子。當然，虛擬替身在現實生活中，需要透過本人說話、擺動手勢，即時連接虛擬世界，才能使虛擬替身流暢地表現。目前，能夠實現這個目標的元宇宙平台只有 Workrooms、Spatial 和 Glue，需要較高級的電腦配備和軟體技術。

目前 ZEPETO 和 ifland 使用的虛擬替身能透過鍵盤來操作移動，這也是利用 3D 實際彩現技術，能即時且流暢地表

現人類語言、行為和手勢。開發虛擬替身主要使用 Unity。
Unity 提供免費使用程式的服務，可以關注和體驗看看，對
認識虛擬替身將會有所幫助。

03 迎接元宇宙，如何不被淘汰？

　　分析了目前為止與元宇宙有關的企業與商業未來，那麼元宇宙時代會為個人帶來什麼樣的未來？

　　現在「元宇宙熱」正以驚人的氣勢擴散到各領域，這不是一時的流行，在未來也將會永遠持續下去。領先的大企業紛紛投身元宇宙，未能占據領先地位的相關企業，會把元宇宙當作逆轉的機會。因此企業多在進行開發元宇宙平台或相關技術的實驗，掌握經驗和技術，逐步構建並擴建屬於自己的元宇宙平台。

　　然而企業財政充裕，可以成立推進元宇宙的專門小組，或聘請專家諮詢以投資多種實驗，但個人卻不能如此。在這種情況下，個人應該關注什麼？又如何做選擇？

　　元宇宙是融合多種概念與技術的複合體。概念可以透過閱讀資料或聽取專家的說明來理解。要了解概念並內化不是難事，只要有一點好奇心、意志和努力就行。但若是想了解元宇宙的技術和運用，則必須親自使用和體驗。

　　元宇宙涵蓋了許多第四次工業革命技術，因此沒有相關技術基礎和背景的群體，與擁有技術基礎的人相比，可能相

對不利。

年輕世代熱中的遊樂場，像是《機器磚塊》、《要塞英雄》、ZEPETO 和 ifland 等，當讀者聽到這些程式的消息或報導時，有什麼想法？

大部分人可能會認為這只是小孩子在玩的手機遊戲，所以不怎麼好奇，也不太關心。但如果企業舉辦活動，召開經營策略會議；學校舉行新生入學儀式；公司舉辦徵才說明會、新職員教育訓練；服裝公司開設虛擬賣場或著名歌手進行演出等，我們就會稍微關注這些消息。

從「技術採用生命週期」來看，當一項新技術問世時，創新者會關注並搶先體驗，接著擴散至早期使用者，之後新技術無法跨越鴻溝，逐漸在市場上消失。若幸運地跨越鴻溝，這個技術代表有存在的意義，便會擴散到多數需求者身上，確保了市場和客源，使技術受到大眾的接受，逐漸發展起來。

對新事物充滿好奇和關心的創新者和早期使用者，就屬於前面提到的「有相關技術基礎和背景」這一類人，他們會先經歷並使用，比多數人更有利，也有獲得更多新機會的機率。你屬於哪一類呢？

若屬於先觀察，當了解或體驗元宇宙的人越來越多時，才試圖去了解這個議題，就很容易落後其他人。早起的鳥把

「全部」的蟲都抓來吃，一隻也不剩的話，那麼晚起床的就會餓死，這就是元宇宙時代的生存法則。

只有實際地經歷和認識，才能從中獲得新的機會或者創造新的機會。以下將針對個人的方向，提出有用的建議。

七步驟搶先體驗元宇宙

1. 在智慧型手機上安裝並使用 ZEPETO 和 ifland 的 App。如果有 iPad 或平板電腦，也可以安裝在這裡，透過大螢幕體驗。接著依次點擊應用程式提供的選單和功能，體驗一下。安裝後不久就會有人加你們為友，多是十幾歲的年輕人，但不能因此忽視，而是要更加關注他們。有的人會送大家配件，可以收下並使用。看其他使用者是怎麼做的，然後參加他們的活動。

2. 在經歷了第一階段的摸索後，對應用程式的掌握更熟稔，這時就可以開始積極在平台活動，好好裝飾自己的虛擬替身（這樣好友數才會增加），多與其他使用者進行溝通，並多舉辦活動。若發起活動，有不認識的人參加並且在空間裡東張西望，要歡迎他們，並嘗試和他們溝通。親身去嘗試和經歷，才能刺激並激盪

出更多的想法。

3. 在電腦的瀏覽器上進入 Gather Town 網站註冊並使用。ZEPETO 和 ifland 只有手機應用程式，Gather Town 只有電腦瀏覽器版本。雖然 App Store 上有很多叫 Gather 的 App，但那些都是毫無關聯的 App。

   參加別人在 Gather Town 舉辦的活動積累經驗，再自己嘗試做主持人，邀請家人、朋友或職員們一起試試看。

4. 讀完本書後，對元宇宙就會有的基本的理解。之後如果在報導、新聞或專欄上看到有關元宇宙的內容，別排斥，多多閱讀來吸收新資訊，理解元宇宙是如何改變這個世界。只有看見整個世界的變化，才能隨著時代發展制定個人的的方向與計畫。

5. 分享並引導家人和職員們了解元宇宙，讓他們也能夠理解和體驗。嘗試和親友們一起使用元宇宙平台吧！

6. 如果擁有 HMD 或可以準備這些設備的話，嘗試使用 Spatial、Workrooms 和 Glue 等，你將會進入一個神奇的新世界，而熟悉這個世界之後，大家就會想到更好的方法來利用元宇宙，把那些想法一一實踐，將會獲得新的機會，擁有強大的競爭力。

7. 在不清楚元宇宙的人面前，分享自己的知識和見解，

　　向越多人傳達與分享，自己的水準和實力就會成正比
地提升，若大眾認可自己的實力，就會有人會邀請協
助或合作。

　　現在元宇宙的發展瞬息萬變，企業和個人也需要積極參
與。觀察過去變化，發展就已經相當劇烈，是誰都沒有預料
到的結果。

　　那麼元宇宙商業的未來會如何？

　　只有了解元宇宙商業的趨勢，才能提前準備和參與，目
前韓國政府將元宇宙發展目標設定在 2025 年全面完成，個
人與企業也應根據趨勢來制定應對策略。

　　影響元宇宙的發展或擴散的重要因素有很多，其中軟體
和硬體技術是核心關鍵。30 年前就推出的元宇宙，在最近
一、兩年內忽然成為最熱門的話題，也是由於與元宇宙相關
的技術高度發展形成了大爆炸。

　　某些企業或個人由於與元宇宙的產業或領域直接相關，
已經密切關注並做好了準備。因此我針對不同的群體，提出
了對應元宇宙的建議和個人策略。

學生如何累積自己的實力和經驗？

　　根據使用者統計資料，有許多學生已經開始使用《機器磚塊》、ZEPETO 和 ifland 等程式。若想使用元宇宙平台，就要知道如何操作和活用選單的方法。但是作為使用者，不能只停留在元宇宙中消費，到 2025 年，元宇宙將會更深入、更廣泛地擴張至我們的生活，就像每天從睜開眼睛到睡覺為止，都和智慧型手機一起生活一樣。未來元宇宙也許會取代智慧型手機，也就是說，像現在這種形態和功能的智慧型手機可能會消失。

　　為了要體驗最有趣的元宇宙平台，作為一個參與者加入《機器磚塊》、ZEPETO 和 ifland，時間久了可以逐漸增加主導或主辦活動的經驗，透過這個管道活躍地與其他人溝通、建立關係，同時培養活用的能力。

　　之後須發展出與開會、合作等生產性相關的元宇宙功能，例如，Zoom 是目前遠距教學的工具，也許元宇宙會取代 Zoom，或者 Zoom 也可能進化成元宇宙平台。

　　不要只是停留參與平台和活動的階段，可以學習製作虛擬替身使用的配件、設計空間圖，來增加創造收益的經驗。這些經驗對學生升學或參加入學考試很有幫助。

　　若有在經營個人部落格，可以將關於元宇宙的經驗特別

記錄下來，分門別類有系統地整理也很重要，有助於培養和
開發在元宇宙進行溝通、合作、開會、主持活動等所需的軟
技能。另外，多觀察國外的學校或學生如何利用元宇宙，並
加以研究相關事例，也會對掌握元宇宙有幫助。

　　學生時代，若透過這種方式來體驗元宇宙，累積自己的
實力和經驗，未來當世界由元宇宙支配時，便能夠迅速適應
並獲得更多機會。

社會新鮮人如何提前準備？

　　最近連求職面試也在元宇宙進行，如果不知道或不熟悉
元宇宙的使用方法，容易在面試中表現狼狽。面試官的提問
已經很難回答了，連進入元宇宙平台的使用方法都不知道，
就會更加驚慌失措，難以集中精神，導致無法獲得好結果。

　　在現代，元宇宙平台是溝通和工作用的工具，無法順手
使用工具的話，只會讓自己事倍功半，想要熟練使用工具，
就要不斷練習和接觸，直到能活用為止。

　　可參考前一節的內容，多累積在元宇宙的企劃和營運經
驗，就會對未來會有所幫助，例如，熟悉空間地圖設計或者
3D 設計程式 Unity。想要在就業後立即適應元宇宙的工作內

容，以提高生產效率，就要先開發自我並培養商業能力。

參考國外事例，成為新創養分

　　新創公司或創業團隊除了可以參考前兩節培養能力，還可以研究國外企業引進或運用元宇宙的事例，並獲取相關資料進行分析，也必須開發利用或融合元宇宙的商業模式，並進行高度化的施行過程，在創業計畫書裡，最好也包含能夠連接或應用元宇宙的創意與方法。

第 **6** 章

活用元宇宙生態系統

01 保持競爭力的四大飛輪模型

　　專家表示，要維持元宇宙虛擬生態系統必須具備 4 種飛輪模型，這 4 種即是開放世界（Open World）、沙盒（Sandbox）、創作者經濟（Creator Economy）、虛擬替身，這 4 項中任何一項較為弱化或失去推進力，元宇宙的競爭力就會消失（見圖表 6-1）。

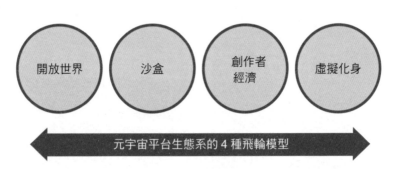

圖表 6-1　元宇宙平台生態系的 4 種飛輪模型

開放世界：在無限空間自由移動

無論使用者是誰，都可以在虛擬世界裡不受限制地自由移動、探險、舉辦或參與活動。現有的線上遊戲雖然具有無限的空間，但玩家不能自由行走，只能按照既定路線完一一破關完成任務，屬於封閉世界，使用者單純只是在遊戲中消費，受限於開發者決定的場景和選項，沒有其他選擇。

在開放世界裡，**使用者擁有很高的自由度，根據不同的選擇會出現不同的結果或空間**，也因此，使用者在平台上的停留時間會變長，中途停止遊戲或離開的機率則會減少。與既有的遊戲不同，使用者不只是單純的消費者，而是創造活動和空間的生產者。現在紅極一時的元宇宙《機器磚塊》、《當個創世神》、ZEPETO、Gather Town 等都是開放世界，在這些世界的空間中，能自由移動，不論哪裡都可以去。舉例來說，《當個創世神》的總體地圖面積為 36 億平方公里，約為地球表面的 7 倍。

使用者可以在無限的空間裡自由移動，進行農耕、開採礦物、建造城堡和房子、製造武器，建造出屬於自己的世界和村莊。像在 ZEPETO 裡，只要點擊一次，就可以選擇多種地圖或空間進行移動。

人們之所以熱中元宇宙，是因為這是一個擁有自主選擇

權的開放世界，元宇宙也因此受到重視自由思考與不受拘束
的 MZ 世代歡迎。

沙盒：培養無限想像力、創造力、協調力

大家肯定都在小時候玩過沙子，能利用沙子建造出宏偉
的城堡，也可以挖出山洞，不管什麼都可以自由地創造出
來，堆沙子時，如果堆到一半不滿意，也可以推倒後再重新
堆砌。在築沙城的過程中，可以培養無限的想像力、創造力
與協調力，可以靠自己主導一切並從中獲得成就感，而這正
是沙盒型遊戲的魅力，但現有的網路遊戲並沒有這樣的機
會。

然而，元宇宙平台可以透過遊戲或系統提供的工具包或
地圖製作工具打造物件、建築物和地貌。單純只是玩遊戲的
話，中途放棄遊戲的機率較高，但是多數人不會輕易離開有
自己創作的元宇宙平台，這就是鎖定效應，就算有從來沒
有體驗過的人，卻沒有只體驗一次的人，也因此《機器磚
塊》、《當個創世神》、ZEPETO、Gather Town 使用者的流
失率較低，正是因為這種搶占市場的效果，企業才會迅速投
入元宇宙平台。

　　《機器磚塊》的使用者就是活用 Roblox studio 來創建遊戲，這些工具使用起來很簡單，就算是小學生，只要有靈感就能創造出有趣的遊戲，透過這樣的方式，有超過 800 萬人開發遊戲，製作出來的遊戲也超過 5,500 萬個。

　　ZEPETO 也可以透過 ZEPETO Studio 創造並販賣虛擬替身用的服裝，利用 ZEPETO Build It 創建地圖，使用 ZEPETO Drama 製作動畫。

　　Gather Town 則可以創建出自己想要的地圖和物件，製作出來的地圖可以共享，連帶增加使用者的便利性。開發平台的企業會提供使用者參與型開發工具的理由有以下：若是想要在封閉的環境下製作並提供內容，需要耗費很多時間、努力和費用，而且內容的數量也會受到限制，但如果能讓使用者製作內容，就可以提供無限新穎的內容給平台，也可以達到讓其他使用者擁有豐富經驗的效果，多元的內容與自主導向型的使用者經驗，也會經由口耳相傳或推薦促使新使用者參與。

　　現有的遊戲是由提供者製作並提供，使用者只能在提供的範圍內使用，是一種「由上而下」的形式，元宇宙平台則是由使用者製作並提供，屬於「由下而上」的結構，而這正是讓元宇宙平台能夠打造出無限良性循環系統的原動力。

創作者經濟：雙贏的加乘效果

　　使用者會加入或接觸元宇宙平台並在上面消磨時間，大都是為了體驗各式各樣與眾不同的經驗，因此平台要能持續提供多樣化的內容才行，但由平台供應方提供的內容是有限的，如此一來就會陷入內容不足的困境。平台提供讓使用者成為內容開發者與生產者的工具和系統，從長遠的角度來看，會產生雙贏的加乘效果，就算使用者最初是以內容消費者的角色開始，但只要可以隨時成為生產者並進行經濟活動，就可以產生良性循環，可想而知，使用者在平台上的鎖定效應也會提高。《機器磚塊》就使用一種名為 robux 的遊戲貨幣（R 幣），2.99 美元可以兌換 1,700 元 R 幣。

　　使用者若是想要使用其他使用者製作的遊戲，就必須支付 25 元 R 幣（約新台幣 1 元）至 1,000 元 R 幣（約新台幣 53 元）。想在遊戲中獲勝或取得好成績就必須購買付費項目，如此一來也將支付部分收益給開發者。

　　ZEPETO 則是使用名為 Zem 的加密貨幣（Z 幣），使用 Zem 就可以購買自己想要的單品。一套虛擬替身的服飾大概落在 10 ～ 20 Z 幣。

　　《機器磚塊》和 ZEPETO 都是當開發者的收入達到一定額度時就可以提領現金。到目前為止，《機器磚塊》支付給

開發者的收益已經超出 2,800 億韓元（約新台幣 70 億元）；
美國也有 20 歲青年透過開發《機器磚塊》遊戲，一個月收
入達到約 5,500 萬韓元（約新台幣 137.5 萬元）；ZEPETO 也
出現了月收入達 1,500 萬韓元（約新台幣 37.5 萬元）的使用
者。專門設計和製作虛擬替身用品的個人和企業正在湧現，
這也代表全新的職業和職缺已經出現。

虛擬替身：透過分身與他人交流和溝通

　　虛擬替身是代替使用者的角色，同時也是一種分身。虛
擬替身可以透過滑鼠和鍵盤來操作，透過虛擬替身，可以和
元宇宙的其他虛擬替身或物件（事物）交流和溝通。元宇宙
中有三種溝通方式：

1. 利用情感表現機制保存虛擬替身的特定動作，並且以
   此傳達使用者的情緒。ZEPETO 就是使用人工智慧技
   術，在虛擬替身上體現出 1,000 個以上的表情。
   SK 電訊的 ifland 也提供了 66 個表現感情的模型，可
   以表達喜歡、討厭、感謝之類的情緒。
2. 透過文字訊息來聊天，這是現有線上工具使用的方式。

3. 若虛擬替身間的距離變近，當縮短到一定距離時，相機和麥克風就會自動啟動，這樣就可以和對方進行視訊對話。這就像是在真實世界中，若要和別人對話就必須移動到那個人身邊一樣，如果自己的虛擬替身靠近其他虛擬替身，或是其他虛擬替身移動到自己附近時，就會啟用相機和麥克風，當距離再次拉遠時，就會停止運作而無法進行對話。

虛擬替身會在元宇宙裡代替使用者表現出所有行為，如同真人，外貌是很重要的，所以大家會把虛擬替身打扮得更有魅力、更有個性，就像在真實世界中，人們會用名牌來打扮和炫耀一樣，在元宇宙裡，也有人會用名牌來裝飾自己的虛擬替身，購買與販賣單品的經濟體系也因而開始運轉。

想要元宇宙平台成功，重點在於 4 種飛輪模型能提供各使用者何種行為模式，使用者能因此獲取什麼成果，以及能夠感受到怎樣的情緒，這些都是今後開發元宇宙平台，或是企業和機構想開發供內部使用的平台時，必須考慮的面向。

必須清楚了解 4 種飛輪模型會讓每個使用者做什麼行為、導致使用者獲取什麼成果、感受到什麼情緒。簡略概括其整體概念如下（見圖表 6-2）：

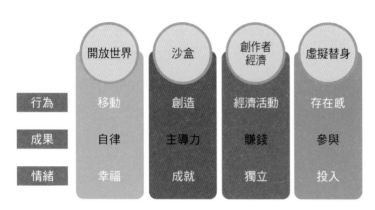

圖表 6-2　4 種飛輪模型的考慮面向

　　在開放世界裡，使用者的行為是移動，可以隨心所欲地在所提供的地圖和空間裡自由往來移動，藉此可以獲得自律和自由，此時所感受到的情緒則是幸福。

　　透過沙盒，使用者能從事的行為是創造，在平台裡既是使用者，同時也能成為生產者，藉此可以獲得主導力與成就感。

　　透過創作者經濟，使用者可以從事經濟活動，可以向其他使用者銷售自己製作的單品、遊戲或地圖，並藉由這種方式賺錢，獲得經濟獨立的安全感。

　　透過虛擬替身，使用者得以展現自己的存在感，使用者的一舉手一投足全都可以由虛擬替身來取代，透過這樣的方式可以獲得參與的成果，也產生了投入的感情。

　　如果想要擁有成功的元宇宙生態系統，就要讓使用者可以從事 4 種行為，並讓使用者可以透過這些行為模式獲得 4 種成果並產生 4 種情緒，如此一來，這個元宇宙平台就會成為一個持續且成功的生態系統。

建構虛擬辦公室的運作系統

　　元宇宙現在已經成為眾人一致認可的主流趨勢，幾乎每天都會湧現與元宇宙有關的動態和報導，本來被認為只是短暫熱潮的元宇宙，現在卻有無數大企業紛紛積極投入，並引進多種商業模式中。元宇宙是 MZ 世代瘋迷的遊戲空間，也是全新的社交媒體，國際企業和知名品牌也爭相跨足元宇宙平台。

　　這種趨勢變化不僅體現在廣告、行銷上，還體現在內容開發、新型商業模式和人力資源、培訓、活動中，特別是隨著新冠肺炎疫情延長，企業和組織的工作環境與文化，迅速轉變為非面對面的線上活動，因此更加受到關注。

　　元宇宙起源於遊戲，之後擴展到其他娛樂產業，再拓展到行銷和宣傳上，大部分偏向以個人為對象的 B2C 領域，但最近也正迅速擴大到以企業為對象的 B2B 領域，包括遠距辦公、人力資源的聘用和培訓、企業活動和會議，以及與國外合作夥伴或分公司的合作事務等，各領域都正在全方位接軌中。

　　儘管「元宇宙」一詞在 30 年前就誕生了，但此前並不

怎麼受到關注，一直到 2020 年才開始正式崛起，在硬體和軟體技術不斷發展、新冠肺炎導致工作型態轉變為遠距模式下，元宇宙便成為最受矚目的焦點。

疫情導致居家辦公的職員使用 Zoom 或 Microsoft Teams 等工具在線上工作、開會。然而提供線上工作的程式和工具非常有限，選擇很少，全世界最多人採用的就是 Zoom，大約有 80％的企業和學校會使用 Zoom 來進行會議、工作和培訓等，但在使用 Zoom 的過程中，人們也開始感受到功能不足和使用上造成的疲勞感，在缺乏合適對策的情況下，元宇宙登場了。

本節不談論元宇宙在遊戲和娛樂產業的發展，而是將重點放在介紹元宇宙應用於企業或業務中，並將其系統化的方法。接下來將逐一探討迄今為止最常被採用的視訊會議方案 Zoom、元宇宙虛擬辦公室 Gather Town，以及適合應用在元宇宙業務系統的線上協作工具。作為參考，本節選擇了工作上最常被使用的線上協作工具 Trello 和 Padlet 來做介紹。

Zoom：開會方便，但投入度有限

Zoom 的優點在於，任何人都可以透過簡易的方式註冊

會員並開始使用，被邀請參加會議的參與者不需要先註冊會員，只要有會議主持人提供的連結或會議 ID 和密碼即可以入場。

假如你想要看到與會者的影像、共享的資料畫面、聊天視窗，那我會建議你在電腦上開啟，若有多個螢幕的話，使用起來就更有效率了。如果恰好身處室外或正在移動時需要參與 Zoom 會議，也可以透過手機加入。

會議主持人可以透過簡單的設定，預約並進行會議，選單是以非常直覺的方式建構而成，所以使用起來很簡單，也可以共享資料畫面，讓所有參與者都可以看著同一個畫面進行會議。

Zoom 可以讓很多人同時加入，免費帳號可達 100 人，此外，還可以錄製並共享會議的所有內容，錄製的功能只有主持人才能使用，與會者則可以使用各自的鏡頭進行視訊通話，當然，因為只能看到大約一張臉的大小，所以在肢體語言辨識上是有所限制的。參加者可以透過鏡頭顯示自己的容貌和背景，但如果覺得背景被看到會有點尷尬，也可以使用虛擬背景來保護隱私。

召集大量人員進行全體會議、研討會、培訓時，如果中途需要進行小組活動或綜合討論，也可以利用小會議室的功能分組進行，進行小型會議後也可以再聚集到全體會議室。

　　如果會議不須立即召開，而是要在數小時或數天後才舉行，可以利用預約功能，調整並預約會議開始時間。如果使用「等候室」功能，則只有主持人允許的人才能入場，藉此可以阻絕胡亂闖入妨礙會議的人。

　　因為不需要在電腦上另外安裝程式，只要在雲端上進行就好，所以使用起來非常方便，可以讓 100 人免費加入 40 分鐘，如果主持人是付費會員，就算被邀請的人不是付費會員，也可以長時間進行會議。

　　另一方面，Zoom 因為是以雲端為基礎，所以資安上多少有些風險。在 Zoom 使用者成長初期，由於 Zoom 的創辦人來自中國，伺服器和資料庫也都設在中國，因此曾有人提出資料被中國駭客攻擊外洩的事件，之後是透過將伺服器和資料庫改設在美國境內，才解決了這個問題。

　　另外，參加者間的互動較為困難，很難透過短暫的閒聊或小型對話來激盪創意。

　　由於只透過鏡頭露出臉部，所以參加者的歸屬感較低，投入度有限。參加者在固定的座位上不動，只用鏡頭露出臉部，也給人一種單調的感覺，長時間盯著螢幕也很容易感到疲勞，因此患有「Zoom 疲勞症候群」的人正在增加。

Gather Town：像真實世界一樣直觀

參與會議時，Zoom 是讓參加者透過鏡頭直接露臉，而 Gather Town 則是讓代替自己的虛擬替身出現在虛擬空間裡，可以隨心所欲地在想要的位置和空間隨意移動，能靠近別人，也能和別人面對面說話。Gather Town 使用空間就像在虛擬世界設立的 2D 辦公室，就稱為地圖。

Gather Town 的優點是，只要註冊會員就可以開始使用，就像玩 2D 遊戲一樣有趣。被邀請的人點擊進入相關連結時，只要填寫虛擬替身名稱和登錄密碼就可以參與。在打造自己想要的空間時，可以區分為公共空間和私人空間，因此可以保護個人的對話隱私。相較於硬邦邦的視訊會議服務，Gather Town 營造出有趣的環境和溫馨的氛圍，這點也得到了很高的評價。

因為使用者可以自由移動虛擬替身，所以投入感較高，連帶也會讓使用者主動參與其中。雖然自己的臉會被鏡頭拍到，但因為是以虛擬替身的模樣參與，所以會像是多了一層防護罩一樣，不會讓人不自在，也因此可以正常互動。曝露臉部並不是常態性的，只有在虛擬替身周圍有其他虛擬替身接近時才會啟動，平時是關閉狀態，所以心理負擔也較小。

Gather Town 可以選擇自己想要的虛擬替身外型和服

裝，也可以使用因應多種用途而建造的空間，甚至可以按照自己的想法，直接打造符合個人用途或公共目的的空間，這也讓使用者產生更多親近感和投入感。

Gather Town 就像遊戲一樣，透過使用上下左右的方向鍵來移動虛擬替身，讓虛擬替身得以移動到各種虛擬空間。根據聚會的目的或性質，可以建造校園、屋頂、公園、操場、海邊等多種空間地圖，從而減少一般視訊會議上的無聊感。Gather Town 創造的虛擬辦公室近似現實世界，而這也是它最大的優點。

直接打開鏡頭就可以聊天，當虛擬替身間的距離變遠，畫面就會越來越模糊，聲音也會逐漸變小，音量會依照距離感進行適當的調整，讓人產生在真實環境中對話的感覺。因此在同一個空間內與特定人士對話時，不需要像 Zoom 一樣另外創建小會議室，只要移動虛擬替身，召集必要的人聚在一起就可以了。

如果想和某人對話，只要移動到那個人旁邊就可以了，需要進行對話或召開會議時，也可以及時召集大家（使用 Zoom 時，因為需要事先與相關人員進行確認或協調，較耗費心力，所以會增加心理負擔和疲勞感）。

對話有困難或需要離開的時候，只要按下「Ctrl + U」鍵，就可以從「可對話模式」轉換成「工作模式」或「忙碌

模式」。Gather Town 提供了有如實際身在辦公室或研討會現場的臨場感，同時也添加了遊戲要素，讓使用者可以透過各式各樣的遊戲或活動體驗到趣味。透過提供與在真實辦公室工作、移動和交談相同的使用者經驗設計和體驗，增加了歸屬感。另外，如有需要，也可以和旁邊的一、兩個人進行小型對話，且可以 24 小時常態性共享資料畫面。

Gather Town 與其他視訊會議應用程式最不一樣的一點在於，Gather Town 就像真實世界一樣直觀。如果想和別人對話，只要像在線下時一樣直接走到那個人身邊就可以了，當走到那個人附近達一定距離內，鏡頭便會自動開啟，也能隨之進行對話。當有好幾個人聚集在一定範圍內，所有鏡頭都會啟用，當對話結束，距離再次拉遠時，鏡頭和麥克風就會自動關閉。

居家上班時，如果遇到緊急情況就必須打電話或發訊息等待回覆，但在 Gather Town 裡，只要把虛擬替身移動到對方所在的位置，在鏡頭和麥克風啟動後就可以直接詢問，溝通上較具便利性且更有效率。

Gather Town 也像真實辦公室一樣具備各式功能。在會議室裡，可以利用白板向同一個空間內的人報告資料，也能即時得到回饋；如果要看布告欄上的重要公告，只要移動替身到布告欄前就能看到公告內容。

在 Gather Town 裡可以自由移動，必要時也能隨時聚在一起聊天，非常方便。因為具有如同在真實辦公室和會議現場一樣的臨場感和趣味性，所以居家上班的同時也能感覺到與同事間的聯繫變得更緊密，互動也會變得更加頻繁。

Gather Town 的缺點是，只能在電腦上使用，不提供手機應用程式，因為使用者必須在寬闊的空間裡到處移動，但手機螢幕的畫面太小，在使用上有一定難度。Zoom 沒有空間和移動的設計，只要露臉就可以進行對話，但 Gather Town 是在寬闊的空間裡移動並進行對話與互動，所以不適合在手機上使用。

Gather Town 免費版本只能容納 25 人，如果想要讓更多人加入，就必須轉換為付費版本，因此使用上有一定的限制，舉例來說，如果想要像線下辦公室一樣使用虛擬空間的地圖，依照員工一天的工作時間，至少需要連續使用 8 小時以上，若想要順暢使用，就必須轉換為付費會員，而這對企業來說可能會成為一筆不小的負擔。

企業、學校、個人等，有各式團體都正在使用 Gather Town，而且體驗過的人都給予正面的回饋。韓國的建國大學就使用 Gather Town 構建了名為「建國宇宙」的虛擬空間來舉辦校慶，大家可以在網路上布置的校園裡滑著滑板到處逛，也可以在裡面玩密室逃脫遊戲。校慶結束後，也有學生

紛紛留下正面評價表示「太新穎了」、「非常感謝策劃校慶的學生會」。

大獲好評的線上協作工具

有幾個在 Zoom 和 Gather Town 被廣泛使用前就存在的線上協作工具，其中，Trello 和 Padlet 獲得許多正面的評價，我本身也從很早開始就將這兩種工具應用於線上協作。

Trello：首屈一指的專案管理程式

Trello 是使用於網路上的業務管理及協作方案，受到全球眾多使用者愛戴，而且可以免費使用。Trello 可以在電腦的網頁上使用，也能和智慧型手機的應用程式連動。

Trello 具備的優點太多，很難全部列出來，以下僅列舉其中較重要的幾點說明：

- 可以提高個人與團隊的協作及生產效率。
- 將工作管理之類的項目轉變為線上，讓人一眼就能即時掌握所有訊息。

- 有系統地管理工作，讓協作變得更有效率。
- 將工作流程視覺化，利用看板原理，呈現出專案所有的概要與進度。
- 從大方向到細部的內容，全都可以在 Trello 看板上一目瞭然。
- 不論是被邀請或是被共享的人，都可以掌握業務或專案當下的執行狀態。
- 提供完善的協作環境。
- 就算是免費會員，也可以按自己的方式，不受限制的使用 Trello。
- 不再是透過郵件進行溝通與交流，隨時隨地都可以即時掌握所有的作業情形。
- 重要的截止期限或日程可以使用月曆來管理。
- 不論使用者在什麼狀態下，都可以和自己的團隊進行協作。
- 有人新增或修改時，所有資料都會即時更新並共享。
- 支援網路瀏覽器與行動裝置，就算在離線狀態下也能使用。
- 免費。
- 提供與 Google Drive、Dropbox、Box 等雲端服務連動的功能。

Padlet：適合教學應用的共享程式

這是一款網頁版應用程式，可以讓多人同時進入一個類似於布告欄或白板的空間，黏貼便條紙，記錄並共享內容。

就算是邀請者有登入、受邀者沒登入的情況下，只要受邀者點擊進入共享的連結網址，就可以創建工作牆、共享、展示便利貼等，就連不熟悉註冊和登入流程的小學生，都可以輕鬆參與，因此 Padlet 也在小學被廣泛使用。

Padlet 就是把在會議或課堂中黏貼在紙上或黑板上的便條紙，改在網頁上進行。你可以把便條紙貼上、撕下，又或者四處移動，幾乎所有課堂上可以完成的活動，在 Padlet 上也都可以實施，特別是 Padlet 還可以附加檔案，所以在蒐集照片或匯集資料時非常好用。

「工作牆」是可以黏貼便條紙的牆壁或白板，是一個虛擬的工作空間（文件），在免費版本中每個人可以創建 3 面工作牆。

特徵如下：

- 使用者可以根據心中所想創建不同類型的工作牆。
- 只要共享工作牆網址，其他參加者就算沒有註冊會員也能參與活動。

- 可以將貼在牆上的便條紙移動到自己想要的位置，必要時也可以將活動結果以 PDF 文件格式下載。

使用方法：
- 在創建的工作牆按下「＋」符號就可以編輯便條紙。
- 在便條紙上輸入自己的名字和內容（由於收到時無法區分誰是誰，所以透過在便條紙上註記姓名來區別）。
- 必要時，可以上傳檔案或插入連結、網路搜索結果、照片、影片、聲音等。

　　接下來，我們將透過幾個一起使用 Zoom、Gather Town、Trello、Padlet 的案例，介紹 3 種可以在公司或學校使用，且最有效率的元宇宙虛擬系統構建方法。

讓公司業務和學校活動正常進行

　　企業會執行日常業務，像是舉辦員工培訓、招聘面試、促進創意發想或推動合作專案的會議、公司介紹和宣傳、公司活動和聚餐等。

學校則有授課與實習（室內及室外）、體育活動、班級會議、運動會、開學典禮和畢業典禮等活動。

前述活動都是在線下進行的，然而，受到新冠肺炎疫情影響，所有活動都轉變成在線上以非面對面的方式進行。起初，由於從來沒有過這些經歷，所以許多人都不知道該怎麼做才好，但是在經過了超過一年半的時間後，以非面對面的方式進行活動已經變得習以為常。

公司或學校原先是利用 Zoom、Microsoft Teams 等工具舉辦活動，最近則正迅速轉換成併行使用 ZEPETO、《機器磚塊》、《當個創世神》、Gather Town 等元宇宙平台。ZEPETO、《機器磚塊》、《當個創世神》作為以遊戲和娛樂為特色的平台，可以用來舉辦活動和表演，但因為它們並不是可以用來工作或上課的平台，所以之後的說明會將這三項排除在外。雖然也有 3D 虛擬世界工作平台 Spatial 和 Glue，但因為還難以像 Zoom 和 Gather Town 一樣讓任何人都能輕鬆上手，在使用上較受限制，因此也會將這兩項排除。

Zoom 和 Gather Town 最大的差異有兩項，即「是否使用鏡頭露出臉部」與「是否使用虛擬替身」。

Zoom 會常態性顯示所有參加者的臉部，當然，Zoom 也可以根據使用者的情況選擇關閉鏡頭，但我們先不討論這部份。Gather Town 則是當其他使用者靠近到一定範圍時，

才會啟動鏡頭看到對方的面貌，當距離拉遠時，鏡頭就會自動關閉，因此除非有人在自己附近，否則不會出現任何人的臉孔。這可以說是優點也可以是缺點。

至於是否使用虛擬替身，這點只有 Gather Town 適用，使用者可以直接操作並移動虛擬替身，讓虛擬替身做出自己想要的舉動，而這正是讓使用者可以在平台上積極參與的原因，使用者可以掌握現在有哪些人、正在哪個位置，以及做些什麼事，能讓使用者在互動上變得更活躍、更投入、能感受到新的樂趣，還能和接近的人進行小型談話等。

因為具有這些差異，當公司和學校舉辦活動時，可以根據活動類型的不同，選擇 Zoom 或 Gather Town，我也推薦將兩種工具併用，如此一來，可以放大各自的優點，也可以互相彌補缺點。如果想要知道哪種方法比較好，並定義出選擇的基準，就必須正確理解以下配置電腦系統的方法：

🚌 按照個人需求打造最適合的電腦系統

使用 Zoom 更順暢

有兩種方法可以使用 Zoom，使用電腦螢幕或手機畫

面。電腦的優點是畫面較大（還可以多螢幕同時使用），以及可以使用鍵盤和滑鼠，在使用效能和操作性上都很好，但僅限於在室內的固定辦公桌上使用，當然，若是有筆記型電腦也可以在戶外操作，但想要順暢使用的話，維持在靜止不動的狀態較適合。手機的畫面較小，也無法配合鍵盤和滑鼠使用，但是可以在室外移動時使用。

　　如果電腦連接了多個螢幕，就可以將螢幕用途區分為「看到參與者臉部的畫面」、「看到共享資料的畫面」、「看到聊天視窗和參與者名單的畫面」。圖表 6-3 是將 Zoom 的畫面分割成 3 個螢幕來呈現，分成視訊畫面（左）、共享畫面（中）、聊天視窗（右），是使用電腦系統時最適切的模式。如果只有 2 個螢幕的話，也可以在必要的時候再開啟聊天視窗。

圖表 6-3　根據不同用途，連接 3 個螢幕一起使用

如果只有 1 個螢幕且必須和很多人一起使用共享畫面來協作，那要在 1 個螢幕上同時看到視訊畫面和作業畫面是很不方便的，在這種情況下，連接手機來觀看視訊畫面也不失為一種方法（見圖表 6-4）。

圖表 6-4　將畫面連接至電腦螢幕與手機

只要一台電腦的 Gather Town

Gather Town 只能在電腦或筆記型電腦上使用，不支援手機系統。Gather Town 是由 1 個畫面組成，不需要像 Zoom 一樣分隔開來，因此使用 Gather Town 時，只需要 1 台電腦螢幕（見圖表 6-5 左）或筆記型電腦（見圖表 6-5 右）就可以了。

圖表 6-5　Gather Town 只需 1 台電腦或螢幕便可呈現畫面

八種常用的系統配置

接下來將說明使用 Zoom、Gather Town、線上協作工具時的系統配置。以下將根據常使用的設備，區分為 8 類，順帶一提，因為手機幾乎是每個人都會擁有的設備，所以會配置到每一種系統類型中：

- 類型 1：3 台電腦螢幕 + 手機
- 類型 2：2 台電腦螢幕 + 手機
- 類型 3：1 台電腦螢幕 + 手機
- 類型 4：3 台電腦螢幕 + 筆記型電腦 + 手機
- 類型 5：2 台電腦螢幕 + 筆記型電腦 + 手機

- 類型 6：1 台電腦螢幕 + 筆記型電腦 + 手機
- 類型 7：筆記型電腦 + 手機
- 類型 8：手機

類型 1：3 台電腦螢幕＋手機

如果有連接了 3 台螢幕的電腦，就可以配置 Zoom 的共享畫面、Gather Town 畫面，以及線上協作工具畫面，手機的 Zoom 畫面則可以用來顯示 Zoom 參加者的視訊視窗（見圖表 6-6）。

圖表 6-6　分別用 3 台電腦螢幕和手機顯示畫面

類型 2：2 台電腦螢幕＋手機

如果有連接 2 台螢幕的電腦，就可以配置從 Zoom 共享的畫面、Gather Town 畫面，線上協作工具的畫面可以透

過 Zoom 的共享畫面來使用，手機的 Zoom 畫面則用來顯示
Zoom 參加者的視訊視窗（見圖表 6-7）。

圖表 6-7　分別用 2 台電腦螢幕和手機顯示畫面

類型 3：1 台電腦螢幕＋手機

　　如果是連接 1 台螢幕的電腦，那麼就只要投放 Zoom 的
共享畫面就好了。假如是同時使用 Gather Town，那就將螢
幕劃分成一半，分別展示 Zoom 和 Gather Town 的畫面，
也可以切換視窗交替使用。線上協作工具的畫面可以透過
Zoom 的共享畫面來使用，手機的 Zoom 畫面則用來顯示
Zoom 參加者的視訊視窗（見圖表 6-8）。

圖表 6-8　用 1 台電腦螢幕和手機顯示畫面

類型 4：3 台電腦螢幕＋筆記型電腦＋手機

這是最佳的系統配置。在連接 3 台螢幕的電腦上可以配置由 Zoom 共享的畫面、Zoom 聊天畫面和線上協作工具畫面，筆記型電腦則用來展示 Gather Town 畫面。Zoom 和 Gather Town 都會使用到麥克風，在沒有筆記型電腦，只使用電腦的情況下，如果 Zoom 和 Gather Town 的麥克風全都啟用了，就有可能產生刺耳的干擾聲，遇到這種情況時，建議可以開啟 Zoom 的麥克風，關閉 Gather Town 的麥克風。當同時有電腦和筆記型電腦時，就可以在電腦使用 Zoom 麥克風，在筆電使用 Gather Town 麥克風，像這樣分開使用效果會更好，手機的 Zoom 畫面則用來顯示 Zoom 參加者的視訊視窗（見圖表 6-9）。

圖表 6-9　用 3 台電腦螢幕搭配筆記型電腦和手機顯示畫面

類型 5：2 台電腦螢幕＋筆記型電腦＋手機

連接 2 台螢幕的電腦可以用來配置從 Zoom 共享的畫面和線上協作工具畫面，筆記型電腦則用來展示 Gather Town 畫面，在電腦使用 Zoom 麥克風、在筆電使用 Gather Town 麥克風，這樣分開來使用效果會更好，手機的 Zoom 畫面則用來顯示 Zoom 參加者的視訊視窗（見圖表 6-10）。

圖表 6-10　用 2 台電腦螢幕搭配筆記型電腦和手機顯示畫面

類型 6：1 台電腦螢幕＋筆記型電腦＋手機

連結 1 個螢幕的電腦可以用來展示 Zoom 的共享畫面，筆記型電腦則是呈現 Gather Town 的畫面，在電腦使用 Zoom 麥克風、在筆電使用 Gather Town 麥克風，這樣分開來使用效果會更好，手機的 Zoom 畫面則用來顯示 Zoom 參加者的視訊視窗（見圖表 6-11）。

圖表 6-11　用 1 台電腦螢幕和筆記型電腦，以及手機顯示畫面

類型 7：筆記型電腦＋手機

在沒有電腦只有筆電的情況下，可以在筆電上展示 Gather Town 的畫面，手機的 Zoom 畫面則用來顯示 Zoom 參加者的視訊視窗（見圖表 6-12）。

圖表 6-12　用筆記型電腦和手機顯示畫面

類型 8：手機

雖然是最差的系統配置，但若是身處戶外或正在移動中卻必須與會時，這反而會成為最佳解方。因為只能使用手機，所以可以用來開啟 Zoom 的視訊視窗或共享畫面，假如有多餘的智慧型手機，透過 Wi-Fi 連結後加以使用也是不錯的選擇（見圖表 6-13）。

 或

圖表 6-13　用手機觀看畫面

設計出恰到好處的虛擬空間

Zoom 沒有虛擬空間的概念，只能進行視訊會議，因此空間地圖的部分將會以 Gather Town 來做說明。

在 Gather Town 裡使用空間的方法可分為兩種，一種是用 Gather Town 開發並提供的地圖，另一種是使用者親自設計開發的地圖。Gather Town 提供的地圖直接使用就可以了，完全不用投入時間、精力和費用，但相對來說，空間結構也有所限制，且會因較陌生而使親近感和投入感較低。

雖然親自設計空間結構並製作成地圖需要投入時間、精力和費用，但**因為較為熟悉，且因為是自己想要的結構，所以親近感和投入感也會隨之提高**。舉例來說，如果使用的地

圖與現在使用的辦公室或學校空間、結構、格局全都一模一樣，員工和學生就不會對空間產生排斥感，在空間移動或選擇上也會變得十分容易。

開發空間結構地圖時，按以下 6 個階段進行最具效率：

1. **列出所需的空間**：如果是公司，則包括辦公室、會議室、休息室、培訓室、茶水間、大廳等；若是學校，則需要教室、教務處、餐廳、室內體育館、實驗室、圖書館、操場等。

2. **決定所需空間的大小和結構**：這是創建平面設計圖的過程，舉例來說，在這個階段必須決定任一空間應該要設計為正方形還是長方形。

3. **決定所需空間的位置和布局**：決定整個空間是寬闊的單層結構，還是高聳的多層結構。

4. **製作每個空間的必要物件**：物件包含書桌、椅子、沙發、桌子等傢俱，以及花盆、相框等裝飾品，白板、電子布告欄、電視等工作或會議用輔助工具。

5. **製作空間結構的布局設計，完成整體設計圖**：依據前述 4 個階段，決定並完成的項目進行地面、牆壁、出入口等空間設計，也可以使用 photoshop 或設計工具。

6. **用 Gather Town 提供的 Mapmaker 建置空間**：透過

Gather Town 的 Mapmaker 將階段 5 製作而成的地板和空間結構設計圖像導入，開始進行空間作業。如果空間的結構寬廣且複雜，單獨一人作業可能會很困難，此時只要讓多人一起分擔角色建置就可以了。以學校來說，讓所有學生都參與其中，列出各項目讓學生去執行，不但會獲得不錯的學習效果，學生們也會了解分工合作的方法。

這時還要設計從一個空間移動到另一個空間的傳送門位置和數量，並且選定重生點的數量和位置，這是使用者進入空間時，第一個出現在 Gather Town 畫面上的定點。另外還要如實建造虛擬替身無法穿越的牆壁。製作完成後，就可以模擬並測試這樣的空間結構，在 Gather Town 裡使用起來是否有問題，發現問題的話，可以修正地圖再儲存，重複以上流程，順利完成地圖後，就可以把地圖公開，讓 Gather Town 開始運作。

使用時，可能會出現不便或需要改善的地方，藉由蒐集這些意見和反饋，讓地圖更完善也是很重要的。如果在使用過程中，需要舉辦特別的活動或聚會，只要建造新的空間結構再添加進去就行了，尤其是當好幾個圖層組成的空間，因為又大又高而變得複雜時，製作並提供網站地圖對使用者來

說會有很大的助益。

　　設計學校空間時，建議可以使用實際學校的鳥瞰圖。學校會有教室、教務處、校長室、教務室、室內體育館、餐廳、操場、花圃、正門、實驗室、圖書館、倉庫、庭院等，只要使用這些來製作 Gather Town 的地圖就可以了。

　　如果是由好幾個複雜的空間組成的公司或學校，這樣的空間結構將會是由 10 個以上的圖層（獨立的空間地圖）所構成，此時最重要的是關於傳送門（從一個圖層移動到另一個圖層的通道，功能類似於電梯）的設計，要設置在哪裡才方便移動？要建置在幾個地方比較好？這些都是必須考慮的事項。

企業	學校
1 樓大廳	大門
咖啡廳	操場
1 樓辦公室	1 樓大廳
2 樓辦公室	1 樓教室（一、二年級）
3 樓辦公室	2 樓教室（三、四年級）
4 樓辦公室	3 樓教室（五、六年級）
頂樓	餐廳
10 間會議室	圖書館
休息室	實驗室
茶水間、倉庫	會議室
培訓室	室內體育館
	其他

圖表 6-14　設計空間時，可依據現實平面圖列出所需空間

在由複雜的圖層組建的企業或學校空間裡，移動是困難且複雜的。像實際學校一樣沒有電梯的建築物，要從 3 樓走到操場，就必須沿著樓梯依序從 2 樓、1 樓再移動到操場。但在 Gather Town，是可以直接從 3 樓移動到操場的，而正是「傳送門」的功用。

設計傳送門也是有方法的，如果傳送門設計不當，就會讓使用者在空間移動上花費不必要的時間和精力，進而導致使用者變得難以投入，還會引發不適感和焦躁感。

舉例來說，如果像圖表 6-14 的企業一樣，是有 10 個圖層的複雜構造，那麼在 2 樓辦公室，最好要有辦法移動到各會議室所在的圖層，因此必須設計可以直接移動到咖啡廳、頂樓、培訓室等地的傳送門，為了達到這樣的目的，應該要像圖表 6-15 一樣適當地配置可以從一個圖層結構（平面結構）直接移動到其他 10 個空間的傳送門。

傳送門的設計必須根據空間結構和目的決定適當的位置和數量。優良的空間設計可以讓使用者產生親近感並投入其中，在良好的互動下有效率地完成業務或授課。

打造好的空間並不是永遠不變的，可以隨時參考使用者的回饋和建議進行改善。

2021 年 8 月，ZEPETO 創建了一個與實際的韓國漢江公園類似的「漢江公園」地圖，並以「CU ZEPETO 漢江公

圖表 6-15　傳送門設計得當，能讓使用者更投入其中

園店」之名開幕，為了體現出像實際店舖一樣的感覺，負責
CU ZEPETO 的專案小組花了 4 個月的時間親自安排了店舖
的布局，以及雕塑各個器物與商品。

　　ZEPETO 賣場陳列了實際在 CU[*] 銷售的商品，還有本來
沒有的屋頂露台，並像咖啡廳一樣配備了桌子和椅子，甚至
為了符合漢江公園經常舉行表演的特徵，還在 1 樓設置了街
頭表演的空間，因為這兩個空間的關係，營造出一種真的走
進漢江公園便利店的氛圍。賣場裡，只有手裡拿著商品的虛

---

* 韓國前二大的連鎖便利商店。

擬替身才能爬上屋頂露台，如實再現了結帳後在外面吃東西的真實情境。從咖啡機裡拿取咖啡，坐在椅子上，然後就可以觀賞漢江公園了。在 1 樓的街頭表演空間裡，只要觸碰到樂器，虛擬替身就會直接演奏起樂器。

　　企業爭相進入元宇宙世界裡。空間的設計並不是虛假的，而是打造成與線下世界相同的情境，符合實際賣場或大樓的結構與布局。

第 **7** 章

把職場搬進虛擬辦公室

虛擬辦公室的轉換策略

在元宇宙中運作的辦公室，即為「虛擬辦公室」。由於新冠肺炎的影響，許多人開始在虛擬辦公室裡工作。新穎的虛擬辦公室與現有的辦公室環境完全不同，且更複雜。因此我們應該策略性地運用虛擬辦公室，尋找具創意性的解決方案。

新冠肺炎爆發前，許多國家或企業的制度和措施都是經過長期演變、發展而來，像是組織架構、企業文化、業務規則與流程、員工管理、技術創新、拓展商機、競爭策略等。然而，虛擬辦公室的出現，顛覆了以往的經驗，不是透過長期緩慢的演進，而是突如其來的爆炸性巨變。

新冠肺炎爆發後，政府與企業基於疫情考量，頒布居家辦公的政策。但因工作型態與企業文化的不同，管理者、決策者和一般員工對居家辦公的看法可說是天差地別，其中牽涉到組織文化、工作流程、人力資源等整體組織的急劇改變，這也讓從居家辦公轉換成在虛擬辦公室辦公，變得更困難、複雜。因此為了預先做好轉換至虛擬辦公室的準備，管理者與決策者應該活用以下七項策略：

🚌 了解基礎知識，導入技術開發

　　針對元宇宙工作環境的轉換，必須徵求專家的意見。元宇宙是一項與現有科技截然不同的環境與技術。這個技術是什麼？如何高效活用這個技術？若想要充分了解，就必須請求相關領域專家的協助。因此，我們應該從基礎技術開始認識元宇宙，進一步了解元宇宙虛擬辦公室應該如何建構與活用。

🚌 樹立願景，進行開發設計

　　我們必須樹立對虛擬辦公室與企業文化的未來願景與目標，這也是決策者的使命。未來願景將會成為往後企業文化與設計工作環境的行動綱領，因此十分重要。

🚌 擬定工作守則和使用規範

　　使用虛擬辦公室時，必須明確地定義員工的工作方式與使用規範，若能建立起明確且容易理解的規則，便能有效並

公正地進行管理。管理者應用一致的標準訂定並研擬虛擬辦公室的工作守則。

為管理者進行系統性培訓

從居家辦公轉換成虛擬辦公室的過程中，許多領導者會直接面對到結構性的改變，同時這也會是巨大的挑戰與課題。應變管理、決策模式、溝通技巧等方面的教育訓練，可以幫助管理者與高階領導者培養相關能力，打造虛擬辦公室的藍圖，並帶領員工前進。此外，管理者也需學習虛擬辦公室的建構方法及運作模式，才能針對每位員工批次進行相應的教育訓練。

營運政策必須公開透明

虛擬辦公室的營運政策，以及相關管理標準，必須進行一致且持續的溝通、資訊共享與執行。一旦建立相關營運政策後，便應該告知全體員工。

開發元宇宙人力資源系統

　　與所有組織性、技術性專案一樣，虛擬辦公室相關政策能否成功，以及是否能順利執行，都必須先經過檢測與評估。其次，為了讓政策更趨完善，員工們持續定期的反饋也相當重要。

　　從居家辦公轉換成虛擬辦公室的過程中，如果能具備強而有力、組織化的人力資源系統，成功的機率就會大幅提升。同時，與其他專案進行的方式相同，倘若能給予人力資源團隊適當的教育訓練、指導與支援，並投入時間與經費，便能獲得正面積極的成果。

訂定員工健康計畫

　　應設計以員工健康為考量的每日例行活動。如果不運動，頭腦與身體都會快速衰老。上班族與學生大部分的時間都是坐著，導致運動量不夠，有害健康，且會進一步影響工作效率和學業成績。依據美國運動醫學會（ACSM）的問卷調查結果，60％的上班族表示，運動當日的工作效率有所提高，並更能準時完成工作；41％的人則表示，運動當天對工

作格外有熱情。

　　居家辦公使得溝通機會減少，運動量與釋放壓力的機會也銳減。解決這個問題的最佳辦法，即是訂定固定的運動時間。公司可以在虛擬辦公室中創建虛擬健身房，讓線上的職員或學生每天在上午、中午、下午三個時段，進行三次運動或肌肉伸展；個人方面，則可以在智慧型手機上安裝運動或肌肉伸展的應用程式，也不失為一個好方法。

02 虛擬辦公室搶手的十大人才

若比較實體辦公室與虛擬辦公室的運作哲學與工作型態，就會發現其中有許多變革。實體辦公室中，占據主導地位的是上級主管，職員必須在主管或同事面前有所表現、做出貢獻，才能獲得認可；但是在不用面對面的元宇宙世界裡，階級將會消失，「見面三分情」的狀況也不再適用，人們必須用實際的工作成果來證明自己。未來獲得認可的特質，將會是擁有自主性、創意性、革新想法和業務能力等特質的人。

元宇宙虛擬辦公室中，需要的人才可略分成下列 10 種：

擁有創意思維：較不易被自動化取代

公司通常會傾注心力與資源在提升業務自動化上，然而業務自動化是針對重複性業務為目標，因此重複性業務將會在業務自動化之下逐漸減少。未來，高度重複性業務會被自動化取代，主要業務將會以低重複性且富有創意的內容為主。

低重複性業務指的是，無法透過機器且只有人類能完成的工作，唯有透過思考、分析，制定富有創意的解決方案，才能順利完成。未來，需要創意思考與革新式想像力的領域，將會變得越來越重要，再加上由於低重複性的特質，所以也無法被自動化取代。

因此人才在未來會比機器更加重要，尤其是具有創意思維及工作能力的人，會被認為更有價值並受到優待。而在虛擬辦公室中，具備創意思維的人才，身價也會水漲船高。

線上合作者：機動應變，隨時組線上團隊

新冠肺炎前，就有許多企業爭先恐後地引進智慧工作模式。雖然智慧化的工作模式適用於許多對象和領域，但主要側重於兩方面：

1. 從實體辦公室轉換成遠距工作的模式
2. 將網路合作導入雲端運算。

目前來說，職場上主要以定型化或事先約定的工作內容為主，但未來可能會出現大量新穎或任務型事務，為了有效

處理這類型工作,必須建立全新的團隊來執行。此時,團隊成員將不再是身處同一個辦公室,而是身處異地、各自在家遠距工作,因此必須透過線上會面來進行團隊合作,亦即為了一項特殊目的的業務,將分散在世界各地的專家集結在一起,並組成一個團隊;當業務結束後,成員再各自回到原本的工作崗位,直到接到下一個任務,再次組成全新的團隊。

若想要成為這樣的專家,就應拓展個人的能力與技能。因此,能在虛擬辦公室中將創意與線上合作結合的專業人士,便能抓住這個機會,而對線上合作模式與工具得心應手的人將更受到歡迎。

社交網路達人:增加曝光、製造機會

為了特殊任務而選拔團隊成員時,將會以熟識或身邊親近的人才為主,且不管身處何處,只要具備相關業務專業知識,即能獲得延攬。比起線下人脈,這種人才往往是透過線上、社交平台進行交流。

由於社交人脈通常活躍在社群平台或社交媒體上,而平台或媒體當中也有許多同樣宣傳自己或擁有自身專長的人,因此專業人士更加能緊密地聯繫在一起,所以未來業務不再

會被某個企業壟斷，與其他組織合作或自由工作者能擁有更多機會。因此，我們應該積極利用臉書、推特或領英等平台，宣傳自己的專長、擁有哪些領域的經驗或專業，並與其他人才交流溝通。

　　未來，擁有個人專業與社交資本（Social Capital）將會備受重視。近來《機器磚塊》、《當個創世神》、ZEPETO、ifland 等元宇宙的 3D 虛擬網路已漸漸崛起，我們不該拒絕或迴避新事物，而是應投以積極的關注並使用。只有不斷熟悉這些新事物，才能創造新的機會。

合作專家：需要集體創意的業務增加

　　在辦公室執行業務時，可以輕易取得需要的資料、情報與資源，倘若需要某人的協助，也較容易找到人幫忙，但如果是在虛擬辦公室進行遠距工作，情況則會變得不一樣。例如，假設需要身處異地的某人進行協助，不僅難以迅速聯繫上，且因為不是採面對面形式，對方可能不會想無償提供協助。因此不管是公司或是個人，都會需要邀請專家、進行集體創意，這樣的業務未來也將急劇增加。

　　然而，集體創意並非單純幾個人聚在一起，就能自然產

生，尤其是透過線上合作，交換意見與溝通將更加困難，意見對立或發生衝突時，也不容易朝向積極的方向改善；反之，雙方可能會由於缺乏敞開心扉的溝通管道，更容易產生對立與誤會。因此若要在虛擬辦公室中透過合作來激發集體創意，光靠意志力或想法有一定的難度，必須同時準備最有效的方法與工具。

流程創建者：將低重複性業務流程化

　　未來，重複性業務會被機器人流程自動化（Robotic Process Automation, RPA）逐漸取代，也就是說，定型化業務會迅速減少，低重複性業務相應增加，工作型態與流程將會改變，若想順利完成低重複性業務，則需要另一個系統化流程。

　　由於現有流程失去效能，因此必須針對低重複性業務開發適合的流程。但由於低重複性業務具有不可取代性，因此旁人較無法代為開發、訂立流程，最好是由執行任務的當事人，親自制定流程。

　　然而，如此制訂出來的流程，不但不能運用在其他低重複性業務上，在相關業務結束後便不再有效。因此，未來在

虛擬辦公室中，有能力針對多樣化需求進行優化並創建流程的人，將獲得認可。

創新者：勇於改變、挑戰

日新月異的業務環境和遠距工作方式，以及衍生出的新技術和設備，使現有的工作模式與技術正飛速成為歷史。站在企業的立場上，會選擇積極嘗試、導入變化，但員工卻會抗拒這樣的改變，並對此感到惶恐不安，但若面對變化，只會一味畏縮、追逐別人的背影，將很難得到認可，亦無法獲得更好的機會。

反之，有一群極少數的人，會比其他人更積極地接受新的變化，或體驗新的技術，這些人就是所謂的創新者。他們會以前衛、先進的想法和行動引領革新，搶占商業先機。只會抱怨、覺得「光是活用現有資源就相當困難，新事物只會更難」的人，將會落後一大截。

元宇宙是新的世界，只有對事物懷抱著強烈的好奇心，打開自己的五感，樂於接觸與體驗，將新事務變成屬於自己的武器，才能培養出具有差異化的競爭力。雖然這不是一件容易的事，但唯有願意創新和挑戰的勇氣，才能獲得認可和

機會。

策略性思考：具備宏觀和微觀思維

　　隨著時間推移，對未來的預測將變得愈趨困難，這也代表不確定性和風險正在擴大。在這種情況下，若想做出正確的決策，並取得與目標相應的成果，就必須用策略性思考來強化自己，否則將面臨走向失敗的結果。此處所提到的策略性，是指在資訊不足或不確定的情況下，為了獲得必要的資訊、趨勢和洞見所採取的作法。而只有策略性思考，才能在競爭中勝出。

　　策略性思考是先用宏觀的視角俯瞰，再逐漸收斂至微觀的細節上，擬出想法並分析的過程，若想進行策略性思考，就要先了解策略是什麼，以及有哪些制定的方法和工具。

　　策略性思考是任何人都可以藉由學習和訓練來提升的能力，既能展望未來，也能顧及細節，並從中提取貫通未來的洞見。在虛擬辦公室的時代，具備策略性思考的人將會勝出，並且支配沒有這項能力的人。

▦ 洞察力與情境開發者：看出未來趨勢

想要在激烈的商業戰爭中拔得頭籌，就必須精準地把握客戶的需求與市場的未來趨勢。為了解客戶的需求，便會進行調查或採訪，蒐集到大量數據資料，但數據只是數字與文字，本身沒有任何意義，最重要的是，利用洞察力從這些數據中做出可靠、準確的分析。此外，還要讀懂並看出未來趨勢的變化，開發出若干可預期的情境。

為了蒐集並分析數據資料與模式，必須具備統計知識和技能，且要從分析結果中歸納出獨特的見解，再進行情境開發（Scenario Developer）。個人之所以要學習這項能力，是為了要依據隨時變化的客戶需求和商業趨勢，即時蒐集和分析新的數據及模式，開發必要的見解和情境。因此，未來的領導者應該是擁有洞察力與情境開發者。

▦ 超級多工人才：擴大不同知識領域

目前為止，我們只要精通一項領域，並且具備該領域的專業度即可。但由於未來不同領域間的融合愈發普遍，只通曉單一領域的專業知識勢必不夠，我們應以自身的專業領

域為基礎，將知識與經驗的範圍擴大到其他領域。有時，還必須了解毫無相關、陌生領域的知識，例如：在元宇宙的時代，所有人都應該能夠使用基本的社交平台或智慧工具，因此若能成為精通各領域的超級多工人才（Ultra Multi Player）是最好的。

現今，人們對於過量的知識與資訊感到疲憊，而這種資訊爆炸的情況只會逐漸加劇。若想在這種環境生存，就要培養出在海量資訊中篩選、解讀出有用且必要訊息的能力，因此若想順利完成工作，並取得超乎預期的成果，就必須成為無所不能的超級多工人才。

走鋼索的人：在工作與生活取得良好平衡

假如進入元宇宙的環境，工作隨時隨地都可以完成。這也意味著，工作與家庭生活的界線將會漸漸消失，你可能和家人相聚時，還要留意工作進度，甚至演變成醒著的時間都只能工作。未來，工作與生活間的失衡，將會比現在更嚴重，最終，家庭或個人都會受到嚴重的損害。因此我們應該要好好維持工作與生活之間的平衡，制定好一整天的計畫，並嚴格執行以維護生活品質。

　　若只顧工作，忽視自我管理或自我開發，那麼個人競爭力就會迅速下降，最終淪為一個失敗者，如果想要有效地應對未來工作環境的變化，就要從現在開始，練習維持工作和生活間的平衡，如同走鋼索的人（Rope Walker），讓維持平衡成為一種習慣。

03 打造解決複雜問題的生態系統

　　個人或組織時時刻刻都會遇到問題，此時我們應該機智地解決。所謂解決問題，就是在眾多的解決方案中，選擇其一來執行，依據選擇，結果將會完全不同，做出好的選擇會帶來好的成果；做出不好的選擇就會呈現相反的結果。因此解決問題也可以說是「做出正確的選擇」。

　　那麼我們會遇到什麼樣的問題？經濟、政治、法律、技術、社會、制度、人力等，問題種類五花八門。即便如此，解決問題的方法，可以透過固定的流程與工具。在企業或組織中，通常解決問題最快、最有效的方法就是開會，解決問題與會議通常密不可分，但現實的開會情況又是如何呢？

　　我們必須彼此協調、共同協商，比起埋頭苦幹，團結合作能產出更好的結果。但這是有前提的，倘若彼此無法協調，變成單向溝通，繼而產生不和、衝突與矛盾，那還不如一個人進行更好。組織中，每天都會發生無數的問題，並且為了解決這些問題而召開會議，會議由許多利害關係人齊聚一堂，深入討論共同的主題和困難，尋找最佳的解決方案。然而，現實中很難實現這樣的目標。

解決問題對企業或組織的成長至關重要，只要可以解決現有的問題，就得以實現新的目標。然而，過去只要解決單純的問題就可以了，但在未來，問題將會參雜多項領域，進而發展成複雜的問題，以致於我們開始需要解決複雜的問題。2015 年達沃斯世界經濟論壇上，宣告了「解決複雜問題」是第四次工業革命中重要的 5 種未來能力之一。那麼，我們該如何解決複雜的問題，才能獲得有效的結果？

為此，我們必須針對構成複雜問題的要素及解決方法進行系統化分析。我幫助企業和組織解決複雜問題的經驗超過 30 年，將過程中網羅獲得的經驗、案例與知識，打造出「解決複雜問題的生態系統」（Complex Problem Solving Ecosystem）。

在解決複雜問題時，如果試圖一次解決所有問題，反而可能會失敗。**最有效解決問題的第一步，就是分析問題後，將問題拆解成小規模的問題。**在這些小問題中，分辨出最重要、最急迫、最優先的問題來解決即可。按照順序依次突破，才能順利解決問題。如同解開纏繞糾結的線團，就必須一層一層解開，抽絲剝繭。

解決複雜問題生態系統由 3 個要素組成，即目標設定系統、目標達成系統與生活創新系統。

目標設定系統：分辨問題的優先順序

　　這是一個制定須解決哪些對象與目標的系統。解決問題前，必須分辨問題的優先順序，因此具備精準掌握問題的能力是核心關鍵。這部分將分為 3 階段來進行，即在目前的狀態下，分析問題的大小（As-is），並選擇需要優先解決的問題（Target），最後設定解決問題後想要達成的目標（To-be）。能夠迅速、準確地掌握問題，並確定優先順序的能力非常重要。

目標達成系統：不斷歷經循環，解決問題

　　既然已經選好了需要解決的問題，下一階段要來解決問題了。在這個階段中，解決問題的能力是核心關鍵，若要順利解決問題，就必須從策略上進行分析，這個階段即為目標達成系統。大部分情況下，無法一次解決所有問題，而是會經歷執行上的誤差再反覆試驗。

　　解決問題也代表持續改善。美國統計學家愛德華茲‧戴明（Edward Daming）以改善品質的技術開發了 PDCA（Plan-Do-Check-Act）循環式品質管理。運用最佳實踐方法，

由制定改善與創新的計畫（Plan）開始，在執行計畫（Do）的階段，評估蒐集回來的資料（Check），區別出正面與負面結果，並反覆進行改善（Act）的循環。

在計畫階段，蒐集並分析資料來定義問題，並據以制定改善計畫和評估標準；在執行階段，實行先前制定的計畫，並系統性地蒐集資料，評估過程中發生的變化；在檢查階段，評估在執行階段所蒐集的資料，確認是否與計畫階段所設定的目標與結果相符；在改善階段，如果結果是有效、正面的，便將新的方法進一步標準化，結果若為負面，則進行修正，重新檢討流程，並反映在制定的新計畫中。

戴明的 PDCA 同樣也適用於目標達成系統。當我們選定問題與目標並解決問題後，就必須再次反覆地選定新問題，進入到解決問題的流程，這個循環直到問題全部排除為止，將不斷的重複執行。過程中循環會因問題逐漸排除而不斷簡化，同時，所需的時間和努力也不用像一開始那麼多。

生活創新系統：提升自我能力，適應變化

生活創新系統為 2 種變化循環，分別是個人與世界。首先，「個人的變化循環」是執行前文提及的 2 種系統，以提

高個人解決問題的能力，即不斷重複解決一個問題後，再選定另一個問題來解決的過程，進一步使自己成長和變化；另一個「世界的變化循環」是指，隨著技術與社會日新月異，世界不斷變化的同時，能有效應對變化，並發現變化的趨勢和關鍵，而後應用於現實中，還必須反覆進行創新、解決問題的循環。在這個體系中，自我成長是核心關鍵，依據自己的選擇與行動，也許能改變世界，但也可能被世界所支配。

　　問題解決方法理論（策略）主要有 4 種。包括愛德華茲・戴明所開發的「PDCA」、我參考韓國作法開發的「問題解決的 2A4」*、豐田汽車開發的「A3 Thinking」，以及奇異開發的「城市會議」。

解決複雜問題的成功典範

　　解決複雜問題的成功代表就是特斯拉執行長伊隆・馬斯克（Elon Musk），他尋找別人認為困難或不可能的事，用與眾不同的思考模式突破困難與問題。仔細分析他的成就，就知道他不是一個「發明天才」，因為他製造的產品，都只

---

* 用兩張 A4 紙構成的解決問題模式。後文會再說明。

是從改善既有事物而來。

馬斯克並非第一個創造太空船或火箭的人，也不是第一個生產電動汽車的人，擬定出「先製造頂級賽車，大受歡迎後再製造高級電動汽車，最後擴及大眾型電動汽車」這一項策略的也不是他，是來自兩位工程師，馬丁·艾伯哈德（Martin Eberhard）與馬克·塔彭寧（Marc Tarpenning）。馬斯克初期僅是作為投資者參與，後來才收購特斯拉。

馬斯克在一次採訪中，坦承自己曾因錯誤理解問題而徒勞無功，他分享的經歷，讓我們明白解決複雜問題的方法是什麼：

圖表 7-1　特斯拉 Model 3

特斯拉 Model 3 的電池組上，有一個可以遮罩的玻璃纖維墊，那是一個置於底盤（Full pan）和電池間的零件，正是因為這個零件，使得整個生產線的速度下降。當時，我可以說是 24 小時都在電池生產線的工廠內，由於 Model 3 的全線生產進度都因為那個墊子而延宕，因此我提議進行修改。

我做的第一個錯誤決策，就是想要去改動自動化的流程。利用機器人協助生產，可以更快、更好地製造產品，減少動線，增加扭矩[*]，拔除多餘的反向螺栓……其實，自動化本身也是一個失誤，後來又犯下想加快生產速度的錯誤，甚至還在優化上犯錯。

導致我產生一個想法：「為什麼需要這個墊子？」我去問了電池安全組，關於玻璃纖維墊的用途，我問：「這是不是用來防止火災的？」但員工回答我：「那個墊子是為了防止噪音和震動用的。」我又問：「你們不是負責電池的團隊嗎？」接著，我去了噪音與振動分析組詢問墊子的用途，結果員工又說是「防止火災用」，我就好像被困在小說家卡夫卡和漫畫家戈德堡的世界

---

[*] 汽車扭矩是衡量汽車引擎好壞的重要標準，根據不同車型，扭矩越大，加速、爬坡或負載力也較好。

中，感到無助與困惑。

我開始想比較裝有玻璃纖維墊與沒有裝的車，噪音與震動是否有所差異，於是在兩個樣品中放入麥克風聽了一下，結果發現兩邊完全沒有差別。最後，我把玻璃纖維墊拿掉。價值 200 萬美元的生產機器人變得毫無意義。

以下分析馬斯克解決問題的過程，劃分成五個階段：

階段一　別再制訂愚昧的技術條件

技術條件（Requirements）*是愚昧的，尤其當要求來自聰明人時特別危險，因為聽到的人會理所當然地相信這些要求是必要的，然而只要是人，都會有失誤的時候。所有的設計也都可能會有錯誤的地方，問題只在有多嚴重而已，因此應該再減少一些愚昧的技術條件。

階段二　排除部分流程

當技術條件不再盲目愚昧時，接下來就必須排除程序中不必要的部分。這件事非常重要，假如你意識到刪減的流程

---

* 規定產品需達到哪些性能指標和品質。

是必要的，就應該不會再把流程加回去，如果經常把刪減掉的流程再加回去，表示你其實並沒有真正排除多餘的流程。

人們總是會認為「這個也許會需要，所以就把這個程序納入」，每個人都這麼想的話，就會有許多事因為「說不定」這個想法，被放進程序中。但其實，如果真的有必要，之後再放進流程即可。

另外，無論技術條件或限制條件（Constraint）是什麼，都應由特定的負責人下達，而不會是來自某個部門的要求，因為部門無法擔負責任，下達技術條件的人才能負起全責。否則就可能出現，公司一直遵從一名實習生提出的技術條件，但那名實習生並非基於全盤考量，只是依照部門要求而提出，如今實習生也許已經離職了，而他所屬的部門現在可能也需要這項技術條件了。這樣的錯誤實務上屢見不鮮，且有可能在任何部門發生。

階段三　簡化或優化

接下來是簡化（Simplify）與優化（Optimize），這兩者必須在第三階段實行，而非在第一階段，原因是，一個聰明的工程師最常犯的失誤，是一開始就針對某項措施進行優化，然而該措施也許在後來的流程中就被剔除了。

「為什麼？」這是高中或大學時期最常被問到的問題，屬於收斂思維，但我們常會以為理所當然，對問問題的教授回答：「這問題真愚蠢。」如此一來，就得不到好成績，所以正確做法應該要回答問題。這是很簡單的道理，但我們常在潛意識中，為自己穿上武裝，選擇迴避問題，對應該要排除的事物進行優化。

階段四　縮短週期所需的時間

解決問題不能太慢，應該要加快速度，不過在沒有完成前述三個階段的情況下，不能盲目加速。否則，如果搞錯方向，無疑是自掘墳墓，倒不如先停下來，弄清方向，再加速解決。

階段五　自動化

最後一個階段是自動化。馬斯克曾多次將這五個階段本末倒置地進行，在製造特斯拉 Model 3 時，也犯過多次這樣的失誤 —— 自動化後才進行簡化，然後就直接刪除。

別忘了，馬斯克提出的解決問題五階段，是他在經歷無數次實務後得到的寶貴教訓。

如果想要有效地解決問題，就必須擺脫固有觀念，再進

行問題的分析與定義。唯有如此，才能在全新的方向中找到解決問題的想法。問題的種類雖然五花八門，但可以用「當前的問題」與「未來可能會發生的問題」，區分為「解決型問題」與「目標型問題」。

「解決型問題」是指現在的問題，也就是到目前為止尚未解決，且會對現況產生影響的問題，這是可以看得見或能被確認的問題。而「目標型問題」則是屬於未來的問題，雖然目前尚未發生，但未來可能會產生的問題。

不論是日常生活或職場，總是會遇到新的問題。問題就如同尚未完成的作業，當然，並非遇到任何問題，都一定要立刻解決。有些問題確實必須解決，但有些問題卻可以忽視或延後處理，這都端看當事人所做出的選擇而定。

在組織或企業裡，每天都要面臨無數問題，這些問題也像其他問題一樣，可能被積極解決，或被無視，或被往後推延，但在組織或公司中，該由誰做出這樣的決定？應該由組織的執行長、領導者，或直接的利害關係人（Problem Owner），由他們出面決定如何處理與解決問題。

一提到問題，通常都會感到頭疼或想要迴避，所以父母會告誡孩子乖乖聽話，公司主管會命令部屬不要製造麻煩。我們之所以會對問題表現出這種反應，是由於問題本身是未知的，因此自然產生害怕與排斥感。唯有重新看待問題、重

新定義問題,系統地分析問題,制定有效解決問題的方法和
工具,問題才能真正得到解決。

用新的觀點看待問題

　　當我們把問題定調為令人頭痛的事情時,人們會自然生
出一種消極、逃避的心態,讓問題變得很棘手;但如果我們
將問題定義為「現況與未來目標間的距離」,那麼「有問
題」就意味著「有想要達成的目標」,兩者的距離越大,代
表目標越大。擁有小目標的人解決小問題;懷抱大目標的人
解決大問題。

　　換句話說,當目標越大,問題也就隨之變大。假設有人
說自己沒有任何問題,那代表什麼意思?若以前文的定義來
檢視,沒有問題就表示未來也沒有想要實現的目標。

　　如果我們把問題理解成一種新觀點,那麼我們應該如何
看待並定義問題就變得相當重要,因為這將會決定解決問題
的方式。

用固有觀念思考，治標不治本

當人們在大型賣場購物、結帳時，由於收銀台等候的隊伍太長，於是排隊的顧客開始向賣場表達不滿。隨著顧客的不滿和接二連三的抗議，賣場負責人為了解決這一項問題，在公司內組成特別專案小組（TFT），並指示成員在一週內解決這個問題。如果你被選為 TFT 的成員，會怎麼處理？大部分的組織會先開始計畫解決問題的專案項目，第一階段必然會先定義問題是什麼。那麼你會怎麼定義這個問題？

前文是我過去幾年，以企業客戶為對象，進行解決問題的教育訓練與諮詢時，向參與者展示的案例。參與者所給出的意見幾乎相同：「問題是顧客等待結帳的隊伍太長，所以我們需要能盡快縮短隊伍的措施。」

接著，我提問道：「那要採取什麼樣的解決方案比較好？」於是就會出現以下這些意見：

「想縮短等待的隊伍，就必須增加收銀台的數量。」

「應該將購買物品多的顧客和購買物品少的顧客分開結帳。」

「在賣場內舉行活動，分散正在等待的顧客。」

你覺得前述這些想法怎麼樣？如果同意這些意見，就表示你也被固有觀念禁錮了。

所謂的固有觀念，是指無法擺脫既有的思考方式（又稱為「慣性法則」），只能就眼前事物進行判斷。倘若不能掙脫現有框架，提出的解決方案也只是墨守成規而已。

為什麼前述這些意見不是好主意？

「想縮短等待的隊伍，就必須增加收銀台的數量。」

認為等待的隊伍之所以太長，是由於收銀台數量比顧客數量少。一般來說，這種情況應該是大型賣場最希望看到的，但從顧客的立場來看，這是相當惱人的情況，如果不盡快改善，顧客就會跑去其他賣場。然而，增加收銀台數量就是最簡單、快速的解決方案嗎？

如果本來生意就很好的賣場，容客量已相當擁擠，想必空間上也無法設置更多收銀台，且收銀人員應該也會疲於奔命、不堪負荷。本來就門庭若市的賣場，很難用物理方式來解決，因為如果要加裝收銀台，就必須要擴增空間，但目前的場地能提供新的空間嗎？若是擴建建築或將其他用途的空間變成收銀台，那麼被挪用的用途該怎麼辦？這種方案並非解決根本問題的對策，只是權宜之計。此外，還必須投入鉅

額費用，一般而言，很難一次籌措到這麼大筆的資金。

「應該將購買物品多的顧客和購買物品少的顧客分開結帳。」

這是目前所有賣場正在使用的方式。然而，提出這項主張的人並沒有意識到真正的問題，或想要積極解決問題，只是將腦海中的想法說出口，宛如全新的點子一樣。但這其實已是現有且顯而易見的解決方案。

「在賣場內舉行活動，分散正在等待的顧客。」

舉行活動的時候，顧客可以自由移動，進而產生分散人流的效果。但仔細想想，當活動結束後，顧客會採取什麼樣的行動？顧客應該會立即前往收銀台，最終還是會出現一模一樣的問題。所以這種想法也只是治標不治本。

在公司或組織內以這類方式思考問題的人不在少數，因此不僅無法有效解決問題，甚至浪費時間與金錢，最終只是徒勞無功。

創意從不同角度思考與提問

讓我們重新審視大型賣場的顧客，從新的角度來尋找真正的問題。

如果重新觀察排隊現場的畫面，是否能看出別的意涵？還是只能看見大排長龍的結帳隊伍？如果真是這樣，表示還沒擺脫固有觀念，也就是只能看見「看得見的東西」。帶入新觀點來看的話，重點就不在冗長的隊伍，而在於顧客的表情和想法。用這樣的視角去觀察顧客的話，能看見什麼？

如果你能看見「他們看起來百無聊賴的樣子」，就表示你終於擁有全新的觀點了。若我們以此定義問題，解決方案就會是「要怎麼做才能讓正在等待的顧客們不再感到無聊？」這樣創意性的提問。

排解無聊的方法不勝枚舉。例如：在收銀台附近舉辦引人注目的活動，或是配置大型電視螢幕，播放歡快的音樂或轉播體育賽事，又或者可以引導顧客做簡單的熱身操或伸展運動，甚至可以利用賣場販售的食品，示範食譜和如何料理晚餐。

人們總是強調，想有效地解決問題，創意非常重要，也倡導要成為有創意的人。然而，創意的想法不會因為腦中努力想著「要有創意」，而自己產生；創意不會倏地從天上掉

下來，而是要透過不同的觀點看待問題，再提出不同方向的問題，才能獲得。

先分辨問題的類型，再解決問題

　　兩種問題的類型中，「解決型問題」必須經由分析、釐清發生的原因，找到排除原因的方法並加以解決。此時，可以使用的分析方法有 3 種：邏輯分析、結構分析和系統分析。

　　邏輯分析是用於確認問題的真偽，並分析這個問題是新出現的問題，或是沿襲至今的問題，還是曾發生過又消失，並再次發生的反覆性問題；結構性分析則是採用「5 Why」的技巧進行分析；系統分析使用不重複、不遺漏的「MECE」技巧。

　　其中，分析思考相當重要，能探究問題，將問題細分成各類別，拆解成小部分再依次分析、解決。因此為了解決現有問題，我們需要尋找「洞見」。

　　「目標型問題」是指未來可能會發生的問題。唯有找到未來需要的事物並加以執行，或尋找與現在不同的替代方案，問題才能被解決。此處可以使用的分析方法是：宏觀分析、商業分析、關鍵成功因素法（CSF）等策略性分析、第

四次工業革命與資訊及通訊科技（ICT）趨勢等未來趨勢分析、顧客價值和差異性分析。

能廣泛分析問題的分析性思考很重要，同時也需要可以產生新想法、開發多種可能情境的「創意思考」，並採取更綜合、直觀的方法。為了尋找與現在不同的替代方案，我們必須擁有「洞見」和「遠見」。

解決型問題是尋找正確答案，而目標型問題則是盡可能找到最佳解答。

培養解決問題能力的 2A4

若運動員要想提升競技水準，就必須經歷長期不懈的訓練，讓技巧更上一層樓，令身體肌肉與想法能同步反應、做出行動；同樣地，若要培養解決問題的能力，就要鍛鍊與培養大腦肌肉。

一個人如果具備系統性解決各種問題的經驗，勢必能更順利地解決問題。鍛鍊大腦時，使用系統性方法，並利用適當的解決工具，比漫無目的地進行效果更佳。

我擁有無數解決問題的經驗，最終開發出簡單又有效的理論，也就是「解決問題的 2A4」。它是由兩張 A4 紙構成

的流程清單、工具檢查項目、思考模式與報告等內容所組成。2A4 流程共分成 6 個階段，各階段說明如下：

1. 確認（Identify）：設定解決問題的目的與目標
2. 定義（Define）：定義痛點與問題
3. 分析（Analyze）：分析問題與原因
4. 開發（Develop）：開發解決方案
5. 執行（Execute）：執行行動計畫
6. 評估（Review）：評估結果與未來計畫

前三個步驟側重「問題本身」，其餘三個步驟則著重在「解決問題」。

看待問題不能只有單一視角，應以各種方向和觀點來釐清，才能發現全新的解決方法和創意點子，而最好的方式就是提出與問題本身相關的問題。以下列出每個環節必須仔細檢查的問題清單：

確認：設定解決問題的目的與目標

- 是否與公司或組織所追求的願景、任務、核心價值和策略一致？

- 目標是否與客戶價值相關？
- 是否準確導出關鍵成功因素（KSF）？
- 在 KSF 中，各自的目標設定或期待結果是否符合 SMART 原則[*]？
- 是否已訂定可評估的測量指標（Metric）？
- 是否排除圖利部門或細微末節的雜事，設定與公司整體相關的目標？

定義：定義痛點與問題

- 是否已定義引起問題的痛點？
- 是否有所重複或遺漏（MECE）？
- 內部和外部因素是否取得平衡？
- 是否已定義問題的類型？
- 是否有從其他不同的觀點或方向導出問題？
- 是否有對導出的意見或問題提出質疑？
- 是否誠實地找出自己所屬部門或團隊的問題？
- 將想法發散後，是否有收斂出核心問題？
- 是否明確敘述問題的主體與客體？

---

[*] 指明確的（Specific）、可衡量（Measurable）、可達成（Achievable）、相關的（Relevant）、有時限的（Time-bound）。

- 是否掌握問題影響的範圍與頻率？
- 是否以文章方式敘述問題，而不是只使用單詞（問題描述）？

分析：分析問題與原因

- 原因和結果是否構成邏輯上的因果關係？
- 是否有所重複或遺漏？
- 內部和外部因素是否取得平衡？
- 是否分析了多種問題的類型？
- 是否有從其他不同的觀點或方向導出原因？
- 是否有對導出的意見或原因提出了質疑？
- 是否充分地分析了問題的廣度、深度與方向？
- 是否誠實地找出自己所屬部門或團隊的問題與原因？
- 將想法發散後，是否有收斂出核心問題？

開發：開發解決方案

- 是否排除個人意見，從組織層面客觀評價收益矩陣（Payoff Matrix）*的執行程度與效果？

---

* 指每個方案，以及各方案組合後的優點、利益。

- 是否即使自己是方案執行者，也能公正地進行評價？
- 是否開發了多種問題的類型？
- 進行開發或評估解決方案時，是排除圖利個人或部門的因素？
- 將想法發散後，是否有收斂出核心問題？

執行：執行行動計畫

- 每個階段的行動是否足夠細節化及具體化，能讓所有人都能輕易理解？
- 是否即使自己作為方案執行者，也能公正地進行？
- 負責人是否選擇了最合適的執行人選？
- 負責人是否盡力支援執行業務時所需的事物？
- 是否建立里程碑（Milestone）*並將其視覺化？

評估：評估結果與未來計畫

- 是否用測量指標比較目標與結果？
- 執行前、後的比較是否數值化？
- 是否考慮了標準化和系統化？

---

* 指制定可觀察、測量的績效或指標。

- 是否將執行結果中，有效的方法理論或流程與其他部
  門共享？
- 資料是否已進行資料庫管理？

　　無論是多複雜的問題，只要能系統化地進行分析和處
理，都可以被解決，且已有許多成功先例。如果將前文提及
的「複雜問題解決系統」、馬斯克的「解決問題五階段」與
「2A4 的 6 階段」解決方法組合後一起使用，相信大家都能
擁有解決問題的能力。

有效進行線上視訊會議的方法

過去 25 年，我以企業為對象，針對如何有效進行會議提供培訓與諮詢。這裡指的會議，是在辦公室或會議室中進行的線下會議。企業偶爾會與國外職員或客戶進行遠距的「電話會議」（Conference Call），但由於時間與空間的限制，有時也會將線下面對面的會議簡化為視訊會議，但對於遠距視訊會議的方法和技巧，需求量並沒有那麼大。然而新冠疫情爆發後，會議進行方式產生了急劇變化。

舉例來說，韓國 LG 化學公司將全球 18,500 名職員轉換到線上數位空間工作；過去只占部分業務或輔助業務的智慧辦公，變成主要的業務方法。LG 化學公司想要打造出不必面對面（Untact）、無中斷（Unstoppable）、無限制（Unlimited）的「3U」智能工作系統。

10 年前，我與 6 名大學生共同進行了未來教育研究開發項目，由於其中有居住在外縣市的學生，所以我們的專案會議是採遠距方式，透過線上視訊進行。每週六空出 3 小時，這樣的視訊會議持續了大約半年之久，並成功完成了我們的研究。

　　當時，我們使用的遠距會議工具是「Google Hangout」
（現已改為「Google Meet」），這個工具非常方便，進行
視訊會議的過程中，沒有產生任何不便或問題，我甚至將這
項工具運用在線下的培訓和諮詢。

　　歷經許多失敗經驗後，終於開發出有效的線上會議方
法，此後，當我需要召開會議或討論專案項目時，便經常進
行遠距視訊會議。進行視訊會議時，遇到很多不同於線下會
議的限制，於是過程中，我也不斷尋找改良的方法。

遠距工作模式將是時勢所趨

　　受到新冠肺炎帶來的影響，整個社會籠罩在史無前例的
恐懼中，疫情正逐漸向全世界擴散，人們在心理上也面臨崩
潰邊緣。這個情況比近幾年，席捲社會、科技、企業、職
場、工作方式等多項領域的第四次工業革命帶來的變化還要
劇烈。

　　為了防止新冠肺炎疫情因接觸而擴大傳染，政府封鎖了
職場、商店、醫院等場域，強制上述場所的員工，以遠距的
方式居家辦公，原本聚集在辦公室進行的會議、專案項目、
團隊合作等，在毫無預警情況下，改以遠距視訊會議進行，

所有線下會議與活動全部取消，人們各自在家中透過線上視訊參加各種活動，體驗全新的工作模式。即使過往曾有過與國外客戶或員工進行遠距會議的經驗，但也只是短暫非必要的輔助形式，與現今截然不同。

以現況來說，大部分的工作與活動只能透過遠距會議或線上合作進行。然而，之前為了推行線上會議與網路合作的工作模式，企業開始培訓員工，並導入遠距工作必備的工具與設備，同時針對外勤業務較多的員工，取消辦公室裡固定座位的配置，只準備少量的位置，讓員工們彼此共用。但由於員工還是比較習慣在辦公室上班的工作模式，因此面對推行遠距的政策，多抱持反彈與排斥的態度，使得這些政策只能胎死腹中，成效不大。

隨著政府強制實施居家辦公，所有員工便又再次展開居家辦公的工作模式。在強制規定下，人們被迫快速適應新的業務和工作模式。在此情況下，員工依據個人經驗對居家辦公模式，分成贊同、反對與中立三派。即便有人抱持反對意見，但遠距辦公和線上合作已是大勢所趨，即使新冠疫情平息後，未來應該也是以此為主要工作模式。

新冠肺炎疫情引發了社會的反思：「過去我們習以為常的線下工作型態與教學方式，真的是最好的方法嗎？」

在新冠肺炎爆發前，遠距辦公與授課並非最佳選擇。雖

然有一些創新者曾提倡遠距的好處，但當時受到既得利益者的強烈反對，且沒有人願意花心力學習、嘗試，於是就沒能順利推廣。

「一切終將過去」如同這句古老的名言，很多人認為疫情過後，遲早會回歸正常生活，疫情終將過去針對人類現今經歷的諸多不便，未來趨勢，

第四次工業革命為社會帶來急遽變化的同時，我們的想法、態度和做事方式也應該跟著創新。這種變化除了直接影響工作方式，也會大規模地影響員工考評方式、教育訓練等範疇。與過往截然不同的世界即將來臨。

歷史上，通常改變世界的不是人類和技術，而是像黑死病、天花、新冠病毒一樣的傳染疾病。

線下會議與線上會議的差異

線下會議與線上視訊會議，這兩種會議進行方式有什麼不同？只有準確了解兩者差異，才能掌握提高效率的方法。

辦公室裡進行的線下會議，通常會在備有桌、椅、白板的封閉會議室中舉行，並依據情況，決定是否使用投影螢幕。

與會者會攜帶自己的筆記本，記錄會議內容並擷取重點

摘要。所有與會者的座位都面對桌子中央，因此得以透過彼此的面部表情或身體語言，進行流暢、準確的溝通。會議主持人負責引導會議的進行，並鼓勵與會者提出意見及想法，因此主持人必須擁有一定程度的引導技巧。另外，為使會議可以順利進行，須事先共享會議的主題與參考資料，並提前準備會議的時間表及議程。

線上視訊會議則是在與會者各自的家中或獨立空間內進行。與會者必須準備好電腦、螢幕（如果有雙螢幕，會議效果更好）、鏡頭、麥克風、音響等視訊會議相關的設備，雖然可以視情況使用手機或平板，但由於螢幕畫面的限制，這兩種設備不利於觀看與會者的面部表情或共享會議資料，因此我並不推薦。此外，電腦上還必須安裝可進行線上視訊會議的應用軟體，或連接至進行線上視訊會議的雲端，常用工具如 Google Meet、Zoom、Skype 等。

主持人主導會議，並鼓勵與會者提出意見和想法。然而線上視訊會議比線下會議更難引導，也更難讓與會者集中注意力，引導技巧上會受到許多限制，因此我們需要更好的引導能力。為使會議可以順利進行，亦須事先共享會議的主題與參考資料，並提前準備會議的時間表及議程。

線上會議不受環境影響，但互動有限

　　線下會議和線上視訊會議各有其優缺點。線下會議中，如果與會者都能積極參與，那麼就可以體驗到充滿熱情和正面能量的成功會議，與會者不但能快速、精準地溝通，還可以在會議室裡與其他與會者增進情感交流或促進合作關係。

　　缺點是，所有人都必須聚集到特定的空間，整場會議體驗將會大大地受會議室環境與現場氣氛的影響。會議中一定會出現保持沉默的人（Free rider）和獨占發言權的人（Big mouth），主持人通常很難控制和管理這些人。此外，依據主持人的個性，會議的走向也不同，有的主持人容易自說自話，霸占會議的發言時間或過度主導會議的進行，尤其是階級較高或是經驗較豐富的人。假如多部門需要同時開會，則未必有足夠的會議室可以使用，最後，由於與會者各自記錄會議內容，因此有可能出現錯誤的紀錄，即使有記錄一職專門撰寫會議記錄，也難免有出錯的可能。

　　與此相反，線上視訊會議即使沒有實體的會議室空間也無所謂，與會者不需要同時聚集在同一場所，不論身處何處，只要即時連線參與即可，也由於與會者是各自遠端參與，因此不會與其他人互相干涉或妨礙，可以專注於視訊會議的畫面，提升與會的專注力，同時，也不再會受到鄰近座

位的交談干擾。

　　線上視訊會議的缺點則是，與會者不能近距離地交流感情，連帶著合作關係與歸屬感也會跟著降低，由於不能直接面對面，所以主持會議的難度將提升，也更不容易引導與會者積極參與。線下會議中可以充分進行的交互討論，在線上視訊會議中則變得窒礙難行，沒有結論就結束會議的情形，線上視訊會議中會更容易發生。另外，視訊會議的設備與網路狀態更會嚴重地影響會議品質，與會者也很難透過與其他與會者對話，激發好點子。

　　線上視訊會議與線下會議相比，更難自由地表達想法和交流創意，與會者間無法直接交流、激盪，投入程度也隨之降低。若想克服這些問題，就必須在線上視訊會議中採納「開放討論的原則」。我研擬的「開放討論的7項原則」可參見後文。

促進線上討論的七大原則

1. **換個想法**：彼此想法和意見不同不是問題，反而是理所當然的，如果所有人的想法都一致或相似，那才是最嚴重的問題。

2. **承認彼此的不同**：對方的想法沒有錯，只是與我不同而已。

3. **提出能刺激想法與開拓思維的問題**：向對方提問並不代表是在找麻煩，而是在理解對方想法後，學習與自己不同的觀點。

4. **傾聽到最後**：不管是什麼問題都不要猶豫，直接向對方提出，然後專注傾聽。

5. **練習提出更好的問題**：問題也有分好壞與程度，試著練習提出更有深度的問題。

6. **提出自己的想法**：不要不求甚解、完全接收他人的意見，應融合自己的想法和觀點。

7. **挖掘不同的觀點**：尊重、關照並傾聽他人的意見，並從中挖掘與自己不同的想法。

05 遠距必備的溝通力與領導力

　　世界正以驚人的速度改變，面對瞬息萬變的環境，我們感到巨大的壓力，深怕跟不上變化，尤其是組織或團隊的領導者，必須比任何人都還要更快地跟上這些變化，面對第四次工業革命，領導者需要適應變化、引領創新的領導力。盲目追求速效不是最好的選擇，必須要有完善的計畫，能在過程中從容以對，並且好好體驗、開拓視野。

　　生活中的各種體驗，是獲得成就和實現夢想的養分。成功的領導者能從各領域中領悟到通則與原理，並找到自己的夢想，且經由實踐後，不斷交出好成績。由此可知，為實現成就或夢想，一定要不斷自我開發，並且了解做事的方法與原理。

　　尤其在遠距工作的時代，一般的溝通方法和領導能力已經不敷使用。如今，我們應該了解遠距時代下需要哪些新的溝通方法和領導能力。

設定願景與目標的八大行動方針

　　人會依循願景和目標行動。如何看待眼前的事物、應該採取什麼行動，這個判斷標準就是出自自己的願景和目標，**如果沒有願景和目標，就沒有依循的標準或原則，判斷和行動就會出錯。**願景與目標的方向必須是一致的，藉由聚焦找到正確的方向以實現夢想。

　　如何有效地設定願景和目標呢？並不是想要什麼就一定可以得到，設定的願景和目標不能太不切實際，不能是無法實現的事情，也不能過於模稜兩可。以下是設定願景和目標的 8 個條件：

能夠具體表現出來

　　「想要成功」或是「想成為富翁」這種模糊的目標，實現可能性很低；必須要像「我要在 3 年後，成為這個領域中最厲害的專家」、「我要在 2 年內取得專業證書」、「我要在 5 年內籌措到 10 億韓元（約新台幣 2,500 萬元）」等具體內容，唯有如此，目標才能在腦中清晰地描繪，也才會有想強烈達成目標的熱情。

可被測量、檢視

　　必須要可以衡量與評估執行的程度，目標若是無法評估，就無法得知自己當前的進展，也就無法奮發前進。舉例來說，如果我們預計 5 年內籌到 10 億韓元，那就要定期評估和檢視，例如：第 1 年要籌到 1 億韓元（約新台幣 250 萬元）；第 2 年要籌到 2 億韓元（約新台幣 500 萬元）；第 3 年要籌到 4 億韓元（約新台幣 1,000 萬元）；第 4 年要籌到 7 億韓元（約新台幣 1,750 萬元）；第 5 年要籌到 10 億韓元。

坐而言不如起而行

　　只說不做的目標是絕對不可能實現的，**我們要設定可以付諸行動的目標，而且是立即就能行動**。假設「我的目標是成為更有能力的人」這個目標只能在腦海中被描繪出來，由於沒有明確定義出何時、何事、如何行動，所以會很難實現，因此，應該要改成「我要在 6 個月內，提升語言檢定考試的分數」這樣具體的目標。唯有如此，才能決定每天要學習幾個小時，並立即付諸行動。

必須聚焦現實面

目標不能只是理想或願望，而是要在現實生活中可以達成的。不考慮自己的狀況和能力而設定過大的目標，會因目標與現實距離太遠，而容易感到疲憊，甚至半途而廢，然而，設定只要稍微努力就能達成的簡單目標，也不是好的目標設定。

規劃時程，並好好進行調整

必須依照時間安排，建立好適當的行動計畫與成果檢視計畫。如果時間安排過於緊湊，就會被時間追著跑，消磨想要達成目標的意志，最終只好選擇放棄。剛開始建立緊湊的行動計畫時，可能會非常有信心可以達成，一旦發生意料之外的突發情況或意外時，整個計畫就會瞬間毀掉。

擁有動力很重要

自己樹立的目標應該直接付諸行動，並以此作為朝向目標前進的動力。即使設定了一個好的目標，但如果這個目標無法讓自己下定決心，那麼這個目標將毫無意義。

舉例來說，確定了團隊目標，但如果不能理解目標與自

已的關係、為什麼要這麼做等，那就無法產生熱情，也很難實現這樣的目標。因此領導者唯有讓所有成員充分理解目標，並激勵他們產生動力，才能朝共同目標邁進。

把目標寫下來

目標不能只是用說的或想的，必須用文字表達出來，要讓自己可以時常看見，隨身攜帶、隨時複習。如此一來，才能對目標產生信念、信心與耐心。

每天大聲朗讀目標兩次

除了把目標寫下來，還要大聲念出來。透過觀看與朗誦的方式，等於同時透過視覺和聽覺加深記憶，反覆實行後，不僅可以將目標銘記於心，還能烙印在潛意識中，從而獲得強大的動機和動力。

領導的必備能力：創造性的溝通技巧

一般交談很難真正了解彼此的心意，想要真正了解彼此的想法，就必須透過更深入的對話，因此需要特殊的溝通技

巧。首先，必須要進行坦誠、真實且具有情感的對話，為引導對方說出自己的故事，最好先分享自己的故事。如此一來，對方也會卸下心房，嶄露心中的真實想法。

交談時，必須要有誠意與熱情，不應讓對方感受到不自在，只有表現出誠意與熱情，對方才會有所感動。傾聽對方時，表現出認同是非常重要的，這也代表自己理解對方說的話，且正在傾聽，因此對方也會更投入到對話中。只要認真傾聽，就能準確掌握對方的重點，做出回應，如此一來，對話便能更順暢、有效且愉快。

對話的主要目的，除了交換訊息或知識，還有透過對話感受到愉悅，進而產生說服或同意等效果；但如果在對話中使對方產生抗拒或不快，即使在爭論中戰勝了對方，也沒辦法取得共識、獲得雙贏。

美國發明家班傑明・富蘭克林（Benjamin Franklin）也有自己獨特的對話方式，並獲得明顯的成效。他喜好用蘇格拉底式的對話法，透過虛心的提問，釐清彼此的觀念和思想，並非打斷、反對別人發表的意見，或強制推銷自己的想法。

成功溝通的訣竅

- **坦誠且明確地說出自己的想法**

- 關注各領域，拓展知識圈
- 熱情且積極地進行對話
- 不要只是自說自話，要傾聽對方
- 提出問題，並保持對話的專注度
- 理解對方的立場
- 對話過程要盡量有趣、幽默

領導者追求的 21 世紀領袖魅力

我們經常會用「那個人很有領袖魅力」來稱讚一個人，那麼領袖魅力是什麼呢？

可以說是與其他人建立關係，並對他人產生影響力的能力。即使對方不太了解你，但只要對你產生好感或被你吸引，那就可以說你是個有領袖魅力的人。雖然領袖魅力及領導能力可以看作同義，但領袖魅力比領導能力更強大，甚至是可以讓對方無法抗拒的力量或才能。例如，領導能力是只有在展示自己的能力後才能獲得，但領袖魅力即使沒有具體表現出來，也能吸引他人。

對別人的影響力大致可以分成兩種，一種是藉由地位或權力所給予的影響，另一種是透過人格特質和表現產生的影

響，可以說領袖魅力及領導能力更接近人格特質帶來的影響力。但如果忽視對方，就算具有領袖魅力也無法發揮，不能勉強對方依循自己的意志，必須要讓對方自願參與。領袖魅力也和領導能力一樣，並不是先天的，而是靠後天努力得來的才能。

真正的領袖魅力，是調和知識、技能、實踐力與行動力等特質後，發揮的力量，也就是說，地位與權力所帶來的領袖魅力是有限的，唯有具備多項能力的人，才能發揮領袖魅力的最佳效果。倘若能創造出屬於自己的獨特的領袖魅力，就能近一步提升自己的力量。

成就領袖魅力的資質有許多，其中的核心可以概括成下述 7 點：

1. 沉著冷靜

2. 傳達能力（引導能力）

3. 傾聽能力：欲提升傾聽能力，可採用以下技巧：
- 將注意力集中於對方身上
- 將令人分心的周遭事物除去
- 靜下心來
- 專注傾聽對方
- 確認對方的話語，並提出問題

- 進行視線交流，並點頭示意
- 簡單記錄重要內容

4. **說服能力**：培養說服力所需的 4 個階段方法如下：

- **確認對方的要求、目標與需求**：確認彼此需求差異的最佳方法就是提問。可以透過對方的回答進行確認，且無論對方提出什麼問題，都是可以掌握對方需求的好機會，不要排斥。向對方提問也有一些技巧，且須依據當下情況和處境實施。

- **一起制定解決方案**：並非強迫對方提供解決方案，而是要給對方「我們一起想辦法」的感覺。例如，一起尋找各種解決方案後，詢問對方的意見，並確認對方關心的問題。

- **商討行動計畫，並一起執行**：讓對方參與計畫，且其中的一部分要委由對方來主導。

- **確認、檢查、評估計畫進行的狀態和結果**：要時常確認計畫的進展，發現問題時，便一起尋找解決方案，並確認對方對結果的意見或想法。

5. **活用空間和時間**：進行演講或傳達未來藍圖時，要盡量有效地利用周遭環境和時間，因時制宜，放大溝通、協商的效果。

6. **確認狀況和適應的能力**

7. 設定願景與目標的能力

🚌 引領變化的領導者與領導能力

　　領導者肩負沉重的責任，不只是對組織或團隊的未來，甚至對部屬的人生都要負起責任。如果讓連自己的責任和義務都難以履行的領導者來左右組織和團隊的未來，勢必容易走向失敗。並不是只要有企圖心或野心就能擔任領導者，還必須具備履行職責和使命的能力與特質。那麼，領導者該具備什麼樣的能力與特質？

不斷調整自己

　　世界不斷變化，為了能隨時應對變化、帶領團隊朝正確的方向前進，領導者必須不斷調整自己。無法持續調整、發展的領導者，不但無法勝任職務，也會讓團隊陷入困境。

與成員共享願景

　　設定團隊追求的願景，並且明確告知成員。願景是所有成員要一起達成的共同目標，因此應該要能彼此分享，不能

只是單純提出願景，而是必須經過共享，讓成員也把團隊的願景當作自己的目標，唯有如此，才能產生團隊向心力。無論多優秀的領導者，如果沒有成員們的共同參與及合作，光靠領導者一個人也無法實現團隊目標。

懷抱開放的思想和心境

領導者無法獨自發覺所有外部的變化，也無法獨自蒐集資訊、進行發想。在現今社會這樣多元的環境中，領導者的專制獨斷可能會將團隊引導到錯誤的方向，因此需要傾聽成員的意見和想法，並展現包容接納的態度。資訊和想法越多，領導者就越能做出明智的判斷。唯有在團隊中營造出自由發言與提出建議的氛圍，才能激發成員對工作的熱情，並進一步提升成員們的能力。

打造創意學習共同體

不斷變化的環境不僅考驗知識和訊息量，同時也需要持續獲得新的技能，為了適應變化，必須不斷地學習，讓學習成為基石，培養創造力。因此領導者應該創造學習的文化和氛圍。

學習文化可以培養核心人才，也可以提升創造力與解決

問題能力，並增加團隊的創新能力。奇異公司從老企業，轉
變為世界最優秀企業的原動力，正是全體員工的「學習組織
文化」。

制定明確的原則

　　團隊的規範和獎賞原則必須明確、公正且一致，唯有如
此，成員才會重視原則，並且不會產生業務上的混亂。如果
凡事依照領導者的喜好和個人情緒，則會有所偏袒，導致團
隊崩壞失衡。有時候，即使一個人才有多重要、多有能力，
一旦違反規範，還是應該要做出相應的懲罰，甚至要有將犯
錯的人剔除團隊的果斷。

樹立榜樣

　　領導者應該要身先士卒、以身作則，成員才會積極跟隨
領導者的腳步。無論是集體生活還是個人生活，領導者都要
做出表率，才能獲得部屬的尊敬與信任，如果只是嘴上指
示，實際上卻不是這麼做，言行不一致，那就不能稱得上是
真正的領導者。

展現熱情與肯定

領導者必須表現出一定能夠實現願景的信心和熱情。如果領導者對實現目標沒有自信和熱情,那麼成員們可能也會失去熱忱。無論是面對團隊成員還是外部人士,都應保持一致的熱情和自信。

擁有決斷力和忍耐力

有時危機是突如其來的,領導者必須站出來面對,做出關鍵決定,此時,如果領導者感到迷惘或猶豫不決的話,成員們也會相當不安。做決策的瞬間,要以冷靜的判斷力去思考正確的方向,即使出現阻礙或面臨挫折,也要擁有不放棄的毅力,若能表現出堅韌不拔的意志力,成員們也更會奮發向上、齊心協力。

給予稱讚和鼓勵

邁向目標的道路漫長且枯燥,因此必須適時給予團員稱讚和鼓勵,提高成員的士氣、激發成員的動力。公開表揚立下功勞的人,可以激發更大的熱忱,同時也可以激起其他成員的進取心。

注意身體健康

領導者的熱情、能量和動力都是源自身體的健康。除了身體上的健康，也需要時常留意、管理心理健康，因為虛弱的身心無法領導團隊。此外，成員們的健康也十分重要，當全體人員都保持身心健康，才能發揮最佳的能力和效率，因此領導者必須做出榜樣，並且隨時照顧成員們的健康。

另一方面，許多人認為自己是領導者，或希望成為領導者，但卻無法順利領導成員，這是為什麼呢？

以下總結出 8 個不能成為真正領導者的失敗原因：

1. 只想卻不行動
2. 組織能力不足
3. 缺乏自制力
4. 不願意做苦差事，只求享樂
5. 缺乏創造力和想像力
6. 自私自利
7. 不培養人才
8. 耽溺權力

透過自我學習提升價值

若想要做自己喜歡的事，並且獲得成功，一定要自我開發，才能進一步提升自己的能力，擁有更高的競爭力。

不是只有在學生時代才需要學習，出了社會更需要持續進修，因為社會上的競爭更加激烈，每個人都努力不懈，甚至越來越多人在凌晨或傍晚進行自我開發，週末假日也當作學習時間。若說學生時代的教育是為了學習而學習，那麼成年後的學習則是為了自己，為了增進自己的能力和競爭力，因此積極學習。未來社會也認為，相較過去的學歷，現在所擁有的技能和能力更重要。

未來，若具備以下 8 種能力，將更容易取得成功、實現夢想：

1. 多元的知識
2. 分析能力
3. 資訊處理能力
4. 判斷力
5. 解決問題的能力
6. 視覺化能力
7. 傳達力

8. 溝通力

激發成員士氣的激勵能力

　　領導者的作用在於帶領組織或團隊邁向正確的目標，過程中少不了需要激勵成員們的士氣，然而士氣不會因為單純的話語或指示就被激勵，而是要先讓成員們自己思考後，給予他們自己判斷的機會，並盡可能地支持成員們實現目標。如果想要持續激勵對方，就要在推進工作的同時，引導對方不斷地自我成長、進步。

　　美國心理學家亞伯拉罕・馬斯洛（Abraham Maslow）所提出的需求理論中，「激勵」位於需求金字塔中的第四層「尊重需求」和最高層的「實現自我」。從心理學的角度來看，我們可以理解為什麼透過激勵，可以完成看似不可能完成的事，因為即使人類懷抱的夢想和目標各不同，但需求都相同，希望能獲得尊重與實現自我，而刺激完成夢想與目標的熱情，激發實現自我的欲望，這就是激勵。激勵的實施順序和方法如下：

提出願景並設定共同目標

提出願景或共同目標，激發成員的熱情，使其對目標產生自信。讓彼此朝共同目標前進，一起計畫與執行、分享彼此的想法。

信任與關心

展現對個人的信任，關心成員們正在進行的工作，讓成員對自己更有信心。為實現願景，領導者要讓成員們產生積極的心態。

互相合作

在群體社會中，幾乎所有事情都需要互相合作才能完成，透過分工合作，互相幫助，彌補彼此的缺點與不足，一起實現共同的目標。成員間的合作也可以為彼此帶來動力，促進良善的競爭。

克服障礙

個人工作時，每當出現困難或障礙，自身的不足與問題也會隨之暴露，在這種情況下，必須擁有應變的智慧，將危

機化為轉機，領導者可以鼓勵並支持成員克服眼前的難關、
傾聽成員的困難或疑問，並提出建議以提振士氣。

慶祝成果

　　實現願景或共同目標是一條漫長而艱險的道路，因此面
對達成階段性的成就，可以一同慶祝，這不僅能為所有人帶
來動力，也會提升團隊合作與向心力。

　　被視為真理的「黃金法則」（Golden Rule），是「只要
你幫助他人，你就也能得到你想要的一切」，激勵與黃金法
則擁有相同的原理。領導者只要激勵、鼓勵、支持成員，幫
助成員得到想要的東西，領導者也會得到自己想要的一切。

　　下述 4 種方法可以套用在激勵上：

1. 物質上的獎勵
2. 使命感
3. 信賴及信任
4. 稱讚

　　稱讚會鼓舞對方，使對方產生希望和自信，並得以迎接
新的挑戰。稱讚也可以成為激發自我的動力，孕育出熱情與

創造力。稱讚時最好在眾人面前，或以文章或書面形式發表，此外，舉行慶祝活動來紀念成就也很重要。以下是可運用的稱讚語：

「我替你感到驕傲。」

「我相信你。」

「我期待你有更好的成果。」

「你完成了一件了不起的事。」

「你的才能對團隊的成功做出了巨大貢獻。」

「我們都很感謝你的辛勞和奉獻。」

「任何困難和阻礙都無法戰勝你的熱情和能力。」

參考資料

- 「2 億人的元宇宙」NAVER ZEPETO 打造韓國版《機器磚塊》
  https://www.mk.co.kr/news/business/view/2021/06/553710

- 元宇宙的空間與技術相關產業
  https://metaversenews.co.kr/metaverse-space-industry

- 虛擬現實，增強現實的是元宇宙嗎？
  https://www.samsungsds.com/kr/insights/metaverse_1.html

- 「我要進去元宇宙了」……從上班到研討會，工作的景象改變了
  https://news.mt.co.kr/mtview.php?no=2021071508105394113

- DGB 金融控股管理階層以「元宇宙」進行虛擬會議
  https://biz.chosun.com/stock/finance/2021/05/07/SQSLI2N4PV-
  FRVKH5DMFVQXPEQI

- 透過元宇宙案例了解數位世界的進化
  https://blog.adobe.com/ko/publish/2021/04/08/looking-into- digital-
  world-evolution-through-metaverse-cases.html#gs.a8inzn

- 「從會議到店面」深入金融圈的元宇宙
  http://news.bizwatch.co.kr/article/finance/2021/07/05/0002

- 那個廣告模特兒，竟然不是人？
  https://post.naver.com/viewer/postView.naver?volumeNo =31957363

- 〈從大數據看元宇宙世界〉，韓國文化振興院 第 133 期研究論文

- 高德納集團 2020 年技術循環曲線（Hype Circle）

- 虛擬科學實驗室 Labster
  https://www.labsterkorea.com/

- 《簡單的問題》，沈載宇，Booker，2021 年

- Unity T 官方網站
  http://www.unitysquare.co.kr

- Spatial 官方網站
  https://spatial.io

- Glue 官方網站
  https://glue.work

- Gather Town 官方網站
  https://www.gather.town

- Zoom 官方網站
  https://zoom.us

- Horizon workrooms 官方網站
  https://www.oculus.com/workrooms

MEMO

翻轉學 翻轉學系列 079

2025 元宇宙趨勢

迎接虛實即時互通的時代，如何站在浪頭，搶攻未來商機？
메타버스 트렌드 2025

作　　　者	沈載宇（심재우）
譯　　　者	林侑毅、郭宸瑋、楊琬茹、楊筑鈞
總 編 輯	何玉美
主　　　編	林俊安
責任編輯	袁于善
封面設計	張天薪
內文排版	黃雅芬

出版發行	采實文化事業股份有限公司
行銷企畫	陳佩宜・黃于庭・蔡雨庭・陳豫萱・黃安汝
業務發行	張世明・林踏欣・林坤蓉・王貞玉・張惠屏・吳冠瑩
國際版權	王俐雯・林冠妤
印務採購	曾玉霞
會計行政	王雅蕙・李韶婉・簡佩鈺
法律顧問	第一國際法律事務所　余淑杏律師
電子信箱	acme@acmebook.com.tw
采實官網	www.acmebook.com.tw
采實臉書	www.facebook.com/acmebook01

I S B N	978-986-507-686-3
定　　　價	480 元
初版一刷	2022 年 2 月
劃撥帳號	50148859
劃撥戶名	采實文化事業股份有限公司
	104 台北市中山區南京東路二段 95 號 9 樓
	電話：(02)2511-9798　傳真：(02)2571-3298

國家圖書館出版品預行編目資料

2025 元宇宙趨勢：迎接虛實即時互通的時代,如何站在浪頭,搶攻未來
商機？/ 沈載宇（심재우）著；林侑毅、郭宸瑋、楊琬茹、楊筑鈞譯. – 台北
市：采實文化,2022.2
320 面；14.8×21 公分 . --（翻轉學系列；79）
譯自：메타버스 트렌드 2025
ISBN 978-986-507-686-3（平裝）
1. 虛擬實境 2. 數位科技
312.8　　　　　　　　　　　　　　　　　　　110021723

翻轉學

翻轉學